JN048568

口絵1-1　南ヨルダンのワディ・アガル遺跡調査
上部旧石器時代初頭。西アジアでネアンデルタール人が消滅した直後の現生人類によるキャンプ址と考えられる。55キロ離れた紅海から運ばれた貝殻が発見された。1章参照（撮影・門脇誠二）

口絵1-2　ウズベキスタン、テシク・タシュ洞窟
アルタイ山地の遺跡群が見つかるまで、長らく最東端のネアンデルタール人遺跡とされてきた。上、洞窟外観、下、洞窟内部から。2章参照（撮影・西秋良宏）

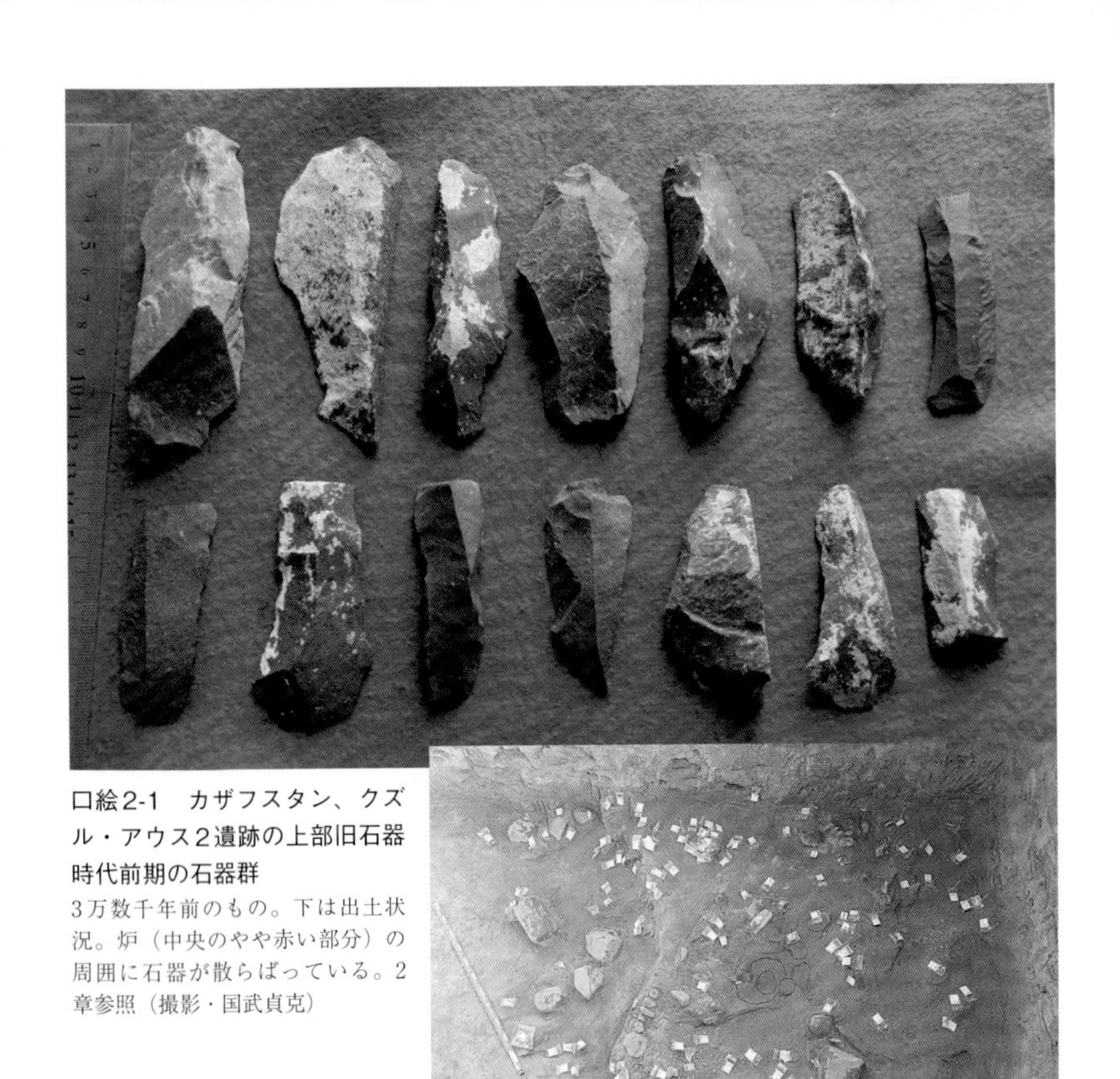

口絵2-1　カザフスタン、クズル・アウス2遺跡の上部旧石器時代前期の石器群

3万数千年前のもの。下は出土状況。炉（中央のやや赤い部分）の周囲に石器が散らばっている。2章参照（撮影・国武貞克）

口絵2-2　中国北部、水洞溝（SDG）1・2遺跡

手前に見えるのが水洞溝2遺跡。水洞溝1遺跡はそこから少し離れたところに位置する。水平線上に見える低い尾根は万里の長城の一部。地面を版築して作られており、明時代の築造である。水洞溝1遺跡の最も古い居住の痕跡は約4万年前に年代づけられており、水洞溝2遺跡には数枚の文化層がある。その最も古い文化層は約3万2000年前に年代づけられている。3章参照（撮影・R. デネル）

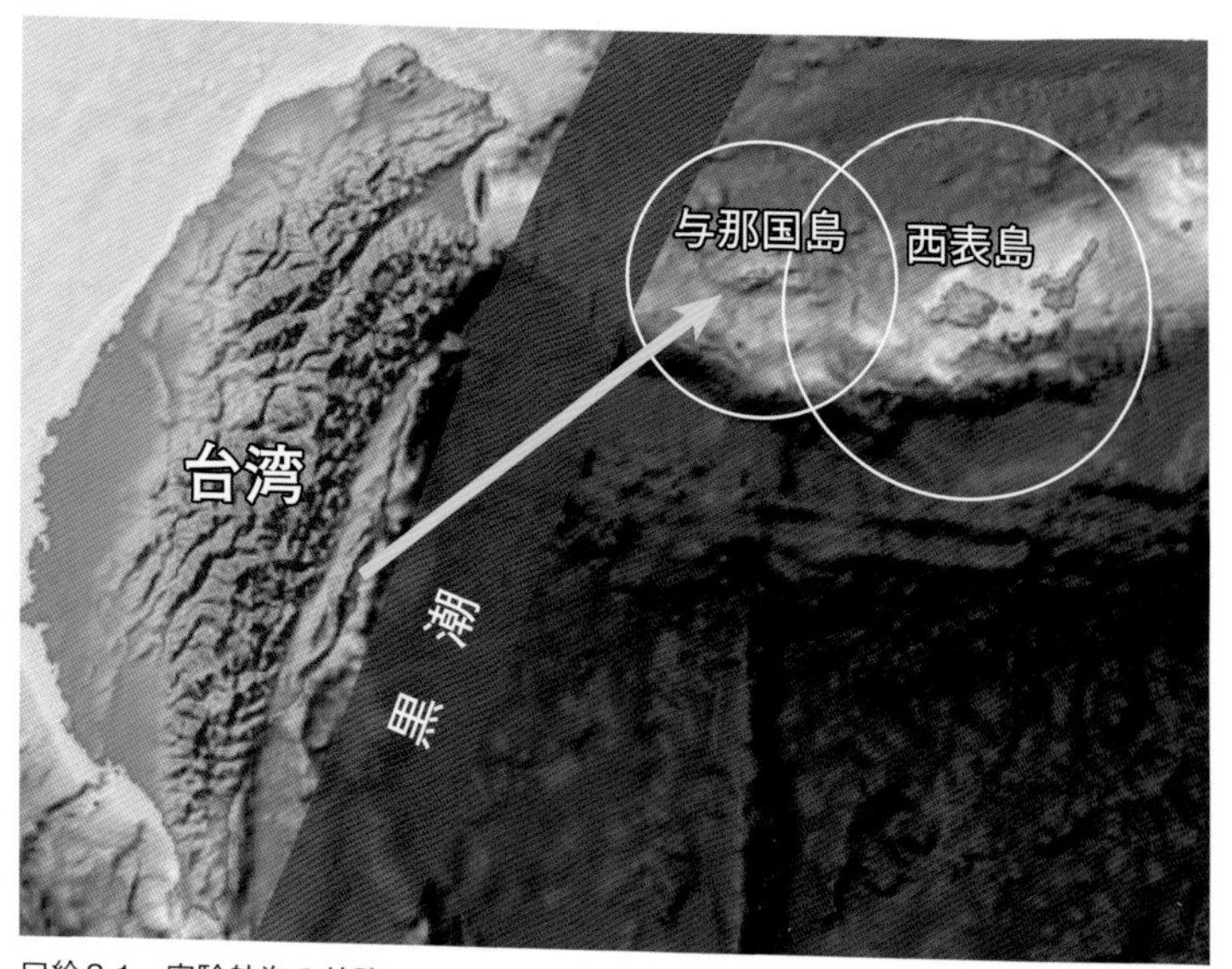

口絵3-1　実験航海の航路
黒潮によって北へ流されることを織り込みつつ、台湾から与那国島を目指した。図中の円は好天時に海上から島が見える範囲。4章参照。

口絵3-2　2019年に台湾から与那国島まで渡ることに成功した丸木舟
（撮影・海部陽介）

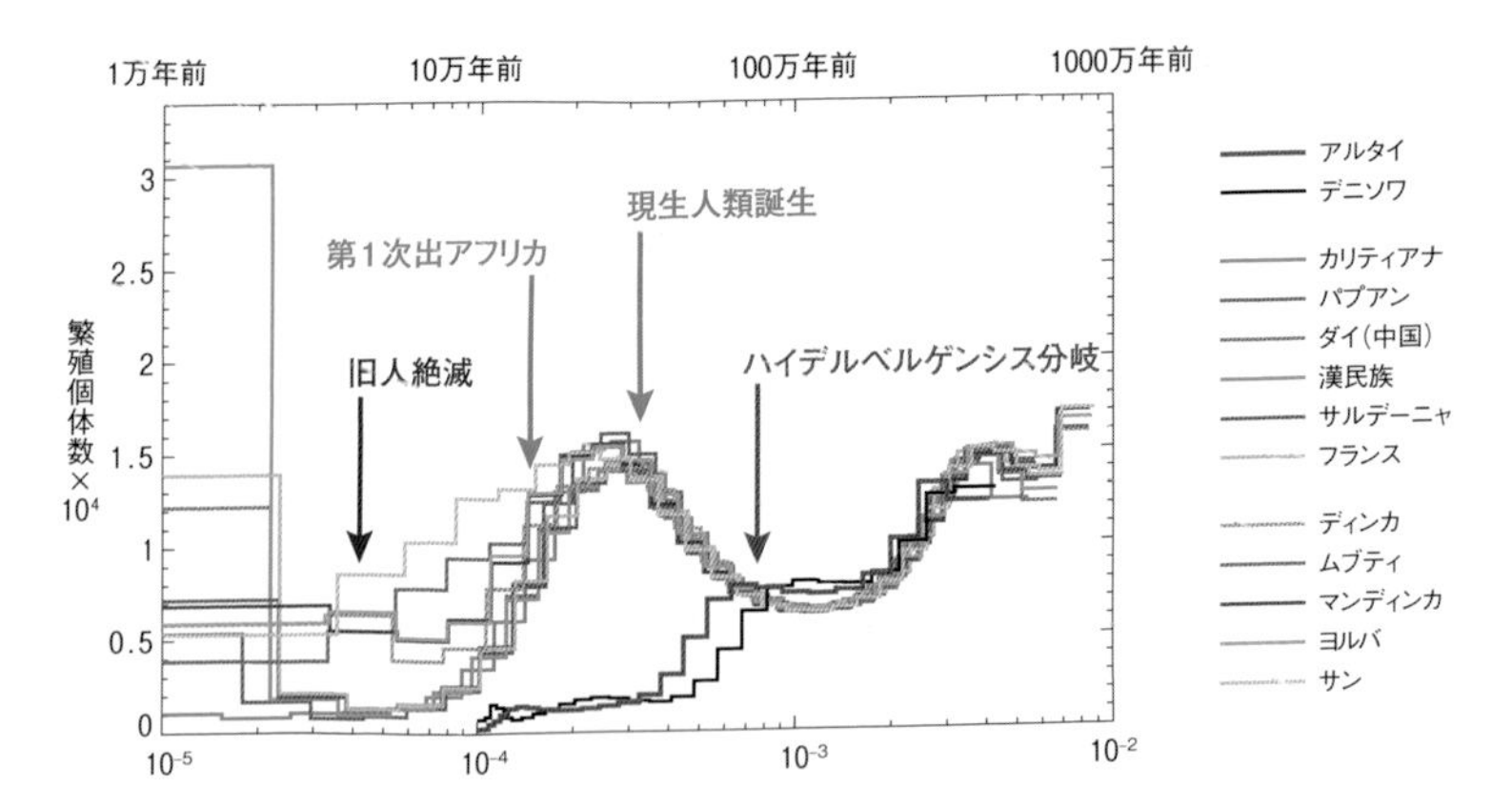

口絵4-1　PSMC法による旧人と現生人類の地域集団の繁殖個体数（縦軸）と時間（横軸）

6万年前―4万年前に急激な減少を示すのは、6つの非アフリカ集団であり、緩やかな減少を示すのは5つのアフリカ集団である。このような集団に共通して見られる中央のピークは、現在認められている突然変異率では約30万年前に相当する。アフリカのハイデルベルゲンシスの個体数は70万年前から30万年前の現生人類誕生まで増加しているのに対して、ネアンデルタール人（赤線）とデニソワ人（黒線）集団の個体数は分岐したときから単調に減少している。赤線と黒線の左端は古人骨のおおよその年代であり、旧人の絶滅時とは異なる。5章参照。

図版出典　Prüfer, K., et al., The complete genome sequence of a Neanderthal from the Altai mountains. *Nature* 505: 43–49. 2014.
Li, H. and R. Durbin. Inference of human population history from individual whole-genome sequences. *Nature* 475: 493–496. 2011.

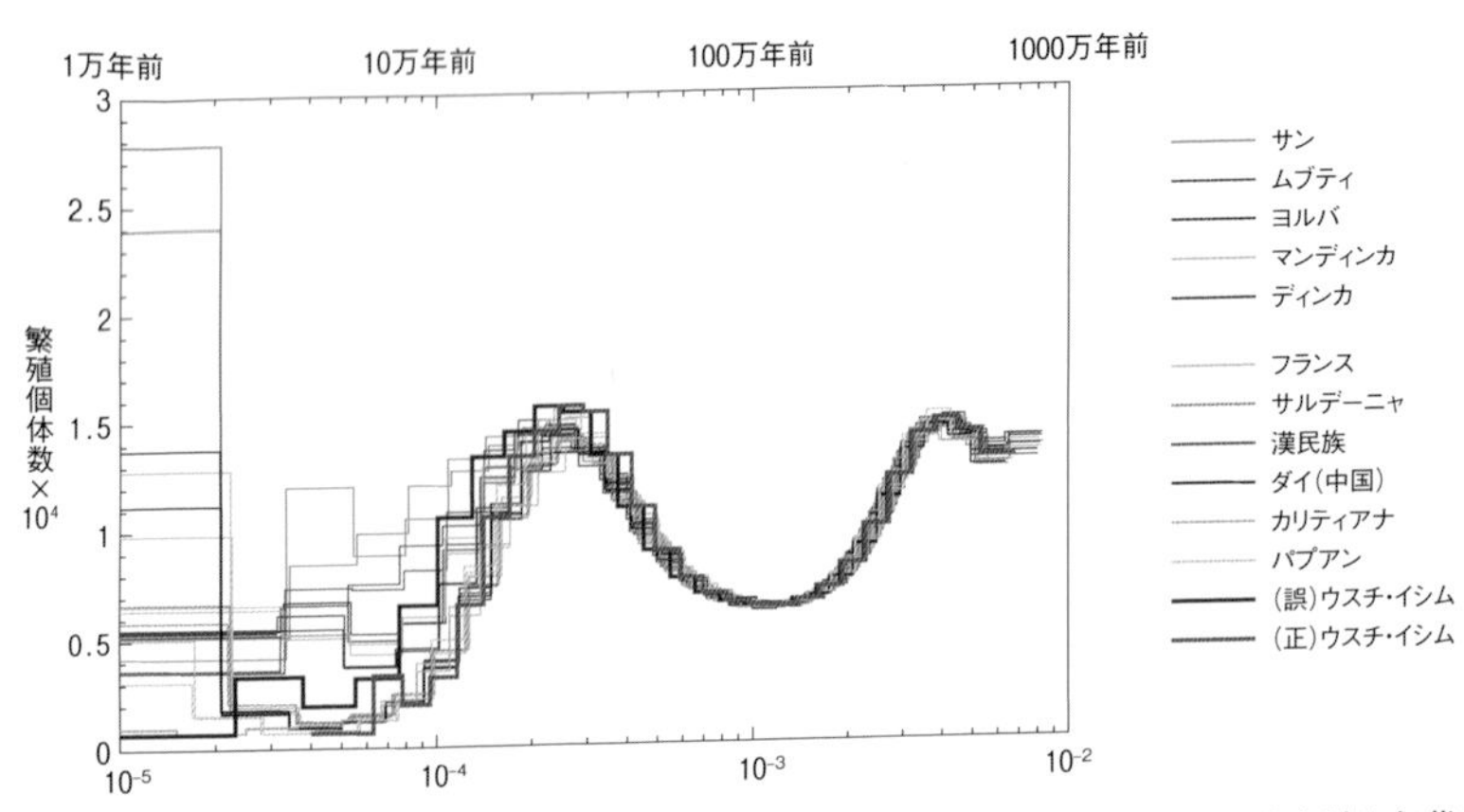

口絵4-2　PSMC法によるさまざまな地域集団とウスチ・イシム集団の繁殖個体数変動と年代

グラフはウスチ・イシムがあたかも現存集団に属するかのように仮定したもの（赤線）と、考古学的な推定年代に対応させて時計を止めて描いたもの（青線）に対応している。上の図と同様に、横軸（下）の単位は常染色体ゲノムの突然変異率でスケールした値。

図版出典　Fu, Q., et al., Genome sequence of a 45,000-year-old modern human from western Siberia. *Nature* 514: 445–449. 2014.

アフリカからアジアへ

現生人類（ホモ・サピエンス）はどう拡散したか

西秋良宏 編

朝日新聞出版

目次

6章　現生人類の到着より遅れて出現する現代人的な石器

図版作成　鳥元真生
装幀・口絵レイアウト　荒瀬光治（あむ）

アフリカからアジアへ

現生人類(ホモ・サピエンス)はどう拡散したか

西秋良宏 編

はじめに

ヒトそのものの歴史は六〇〇〇万年前以上にもさかのぼりますが、私たち、現生人類が誕生したのは三〇万年前—二〇万年前ごろだったと考えられています。舞台はアフリカです。祖先たちは、間もなくアフリカを出て世界各地に拡散し、先に拡がり定着していた人類集団に取って代わって今に至ったことがわかってきました。このような学説が出てきたのは一九八〇年代末です。その口火を切ったのはミトコンドリアＤＮＡを用いた遺伝学的研究でした。日本人を含む世界の多様な集団、民族も元をただせば皆アフリカ出身という主張ですから、当初は世界を驚かせたものです。しかし、その後、関連分野から出された証拠で検証、肉付けされ、現在では、多くの研究者が受け入れる通説となっています。

遺伝学は、古人類の進化史を探る研究にあって、当時は慎ましやかな一分野だったのですが、以後、三〇年ほどを経て人類進化研究の主役になった感があります。現生人類の起源について日本語でも読める最新の著作がつぎつぎに刊行されているのを目にされた方も多いでしょう。

特に、古人骨から直接、遺伝情報をとりだす方法やそれを解析する統計学的手法が飛躍的に進展したことが研究にブレイクスルーをもたらしました。古代ゲノム研究によって、かつては私たちとは別種の人類と思われていたネアンデルタール人が、私たちの祖先と交配（交雑）していたことがわかりましたし、デニソワ人という新種の旧人がアジアにいて、私たちアジア人の祖先と交雑していたことも明らかになりました。こうした人類集団どうしの関わりだけでなく、ネアンデルタール人の肌は白かったらしいことや、デニソワ人は寒冷地に強い遺伝子をもっていたことなど、顔つきや身体特徴についての情報ももたらすようになってきました。

遺伝学的研究がめざましく進展する中、過去の人類の歴史についての伝統的な学問分野、化石人類学や考古学などの重要性が低下したかといえば、そうではありません。遺伝情報のみでは、過去のヒトの具体的な行動は見えないからです。たとえば、現生人類が拡散する際、どんな道具を使ってどんな食べ物をどうやって手に入れていたかとか、旧人と出会ったとき、文化に交流があったのか、などの具体的行動に関する問いには、野外調査で得られる物的証拠が不可欠です。また、いつ、どこにどんなヒトがいたのか、という空間情報については、遺跡データほど確実な資料はありません。化石を探したり関係する石器を探したりという研究は発掘調査をはじめとしたフィールドワークにもとづくもので、結果の解釈も遺伝学的研究のように定量的かつ明瞭ではないかもしれません。しかし、別の観点から提供される基礎データとしてその重要性が変わることはないでしょう。

本書では、アフリカからアジアへ現生人類たちが拡散するに至った道のりと経緯について、野外調査や実地研究が示す最新の知見を述べていきます。遺伝学的研究の現況についても述べますが（5章）、重点をおくのは考古学的証拠です（1〜4章）。古代ゲノムの研究が依拠する古人骨がめったに見つからないのに対し、考古遺跡や遺物ははるかにたくさん発見されている点で重要です。特に、石器は腐敗しないため、どの遺跡にも残る絶好の研究材料であり続けています。ただし、石器や遺跡からヒトそのものを語るには一定の理論が必要となります。考古学的証拠は当時の人びとの行動や文化についての記録ですから、遺伝学や化石人類学のように生物学的なヒトそのものについて明確に語るものではないからです。文化進化、文化伝達、ヒトの拡散に伴う文化変化など、さまざまな理論的考察が欠かせません。したがって、本書後半ではそういった話題にもふれることとします（6・7章）。それぞれの章の執筆は当該分野で顕著な実績のある研究者にお願いしました。

なお、いくつか用語についてふれておきます。まず、本書でいう現生人類とは現代人のことだけでなく、旧石器時代に生きていた解剖学的に私たちと同じ形質をもつ人類のことも含みます。これをホモ・サピエンスといったり新人といったりすることもありますが、どれも同じ意味です。ネアンデルタール人やデニソワ人が新人と交雑していたことがわかった今、彼らも生物学的にはホモ・サピエンスに含まれるのではないかとの意見もありますが、ここでは伝統的な用語法に従っておきます。

また、漢字で表記された中国の遺跡名にはよみがなをふっていることがあります。原則として現地読みをカタカナで記しましたが、研究者の間で日本語読みが定着しているものについてはひらがなとしました（例：周口店（しゅうこうてん））。

西秋良宏

1章

現生人類の出アフリカと西アジアでの出来事

門脇誠一

1　現生人類が拡散したころの西アジア

アフリカに生まれた現生人類

私たち現生人類（新人＝ホモ・サピエンス）は、現在、世界各地に住んでいますが、もともとはアフリカに限られていました。誕生したのは三〇万年前―二〇万年前のころのことで、最古の現生人類化石はアフリカで見つかっています（北アフリカのジェベル・イルード遺跡や南アフリカのフロリスバッド遺跡など。図1-1）。約二〇万年前以降になると、南北アフリカだけでなく東アフリカでも化石が発見されるようになります（オモ・キビシュ遺跡やヘルト遺跡など）。西アジアの一部でもこの時期の化石が見つかっていますので、このころに現生人類がアフリカからユーラシアへ拡散し始めた（第一次出アフリカ）と考えられます。レヴァント地方（地中海東部沿岸地域）はアフリカ北東部と陸続きですし、アラビア半島の南西部はバブ・エル・マンデブ海峡を挟んでアフリカの隣です。西アジアには現生人類が世界に拡散する最初の段階の遺跡が残されているのです。

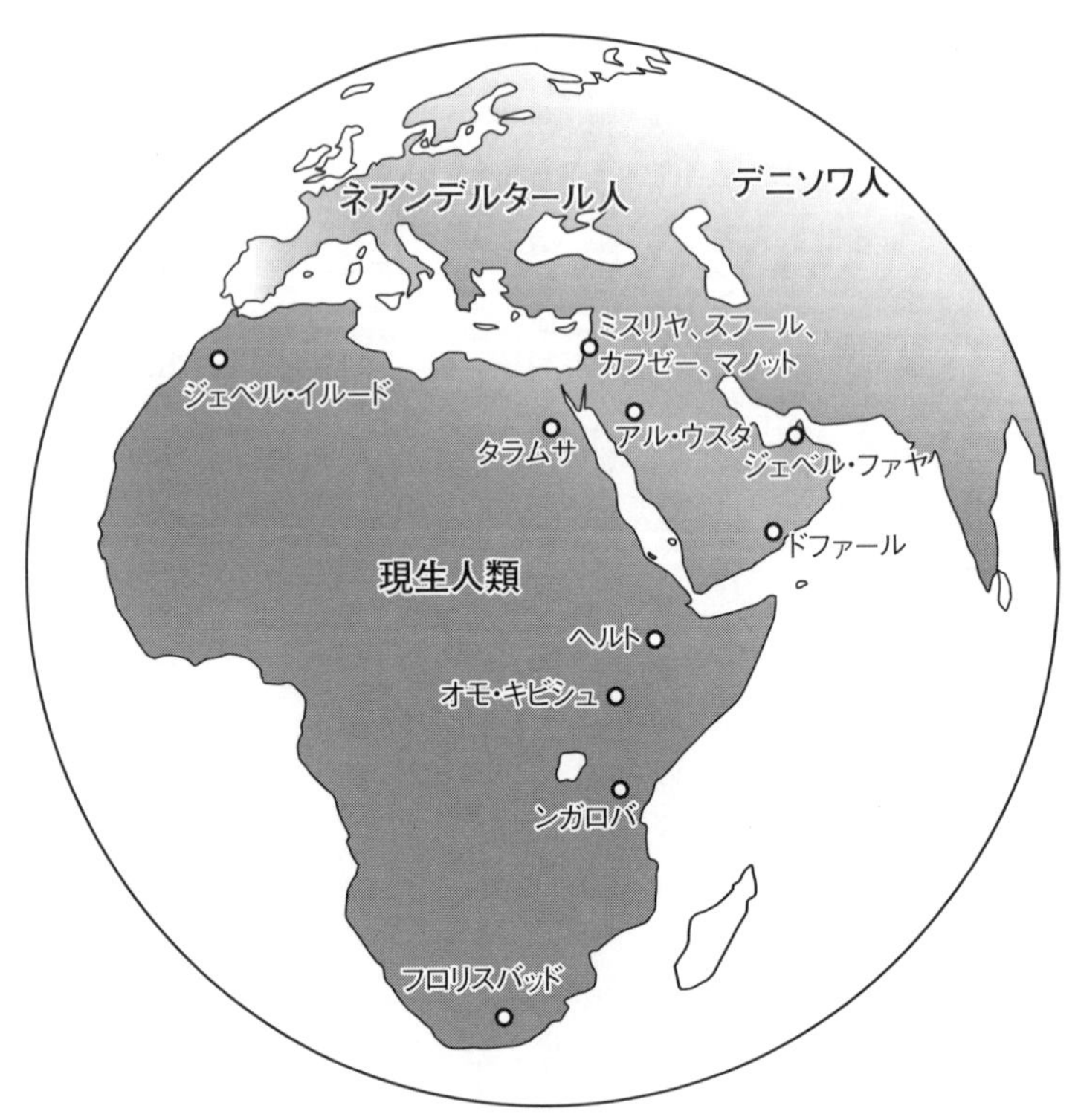

図1-1 現生人類の最古級の化石が見つかったアフリカの遺跡、および西アジアへの第1次拡散を示す遺跡（5万年前以前）

本章では、現生人類がアフリカから西アジアへ拡散したころの出来事を、考古記録を中心に紹介します。考古記録とは、過去の人びとの居住や活動地点（遺跡）に残された遺物（道具や装飾品、食物残滓など）や遺構（炉や構築物、墓など）のことです。数万年ものあいだ、腐敗や侵食を免れて現在に残された遺物や遺構は限られていますが、その分析をとおして、当時の人びとの行動や文化、社会を推測することができます。

現生人類の出現や拡散に関する、より直接的な証拠は化石人骨から得られますし、旧人との交雑や系統関係については、古代ゲノム研究で多くのことを知ることができます。しかし、こうした人類の生物学的な進化がなぜ、どのように生じ、その結果が人類にどのような影響をもたらしたのか、という問題に答えるためには、当時の人びとの暮らしや社会について考古記録から調べる必要があります。

西アジアは、現生人類がユーラシアへ拡散し始めた出発点であり、旧人ネアンデルタールと最初に交雑した場所でもありました。交雑するほど近かった両者の当時の暮らしはどのようなものだったのでしょうか？　その後、西アジアでは五万年前―四万五〇〇〇年前ごろにネアンデルタール人が消滅した一方で現生人類が増加しました。両者の命運を分けた要因や、そのころの現生人類の行動の変化は近年の考古学、人類学研究の大きな関心事となっています。

西アジアへの現生人類の拡散と定着

レヴァント地方のミスリヤ洞窟から約一九万年前―一八万年前の現生人類の上顎骨が出土したと報告されています。西アジアへ現生人類が拡散した最古の記録です。同じくイスラエルにあるスフール、カフゼー両洞窟からは、それより後の一二万年前―九万年前の地層からそれぞれ一〇個体以上の現生人類の骨が発見されています。またこの時期、現生人類はアラビア半島にも拡散していたと推測されています。アラビア半島南部のジェベル・ファヤ遺跡C層やドファール地域で見つかった石器の形態や製作技術が、同時期のアフリカ東部の石器と似ているためです。実際、アラビア半島北部（アル・ウスタ遺跡）において、少し後の時期（約九万年前）の現生人類の指の骨が発見されています。

現生人類が西アジアへ拡散したとき、当然のことながら先住集団がいました。古代ゲノム研究は、このタイミングで現生人類がネアンデルタール人と交雑した可能性を指摘しています（5章参照）。アルタイ地方やヨーロッパにいた後期ネアンデルタール人には、現生人類のゲノムが移入していることがわかっています。交雑が生じた場所としてはレヴァント地方が第一候補と考えられます。しかし、今のところそれに対応する十数万年前のネアンデルタール人骨はレヴァント地方で見つかっていません。

西アジアでこれまでに発見されたネアンデルタール人骨は、現生人類の初期拡散よりも後の年代のものです（約七万年前―五万年前、図1-2）。レヴァント地方ではアムッド洞窟やケバラ洞窟、デデリエ洞窟などから、ザグロス地方（現在のイラク東部からイラン西部にかけての山地）ではシャニダール洞窟などからネアンデルタール人骨の出土が報告されています（このうち、アムッド洞窟とデデリエ洞窟のネアンデルタール人骨は、日本の発掘隊によって調査されました）。現生人類が一度分布を拡げた地域に旧人が後から侵入してきた化石記録は、今のところ西アジア（特にレヴァント地方）のみです。

そこで問題になるのは、西アジアにネアンデルタール人が侵入したとき、現生人類がどうなったかです。人口減少や移動などが原因でレヴァント地方からいなくなってしまったという推測がある一方、五万五〇〇〇年前の現生人類の化石がレヴァント地方のマノット洞窟から見つかったとの報告が二〇一五年にありました。この時期はまだネアンデルタール人も存在していたので、両者がレヴァント地方で共存していた可能性もあります。古代ゲノム研究からは、実際、ちょうどこの時期に現生人類とネアンデルタール人との交雑が生じたと推測されています。また、アラビア半島でも六万年前―五万年前ごろの現生人類の遺跡が報告されています。人骨は伴っていないのですが、九万年前にはいた現生人類がまだ残っていたとしても不思議ではありません。

その後の五万年前以降になると、ネアンデルタール人骨の明らかな記録はなく、逆に現生人類の人骨のみが報告されています。西アジアのネアンデルタール人は絶滅し、現生人類のみが

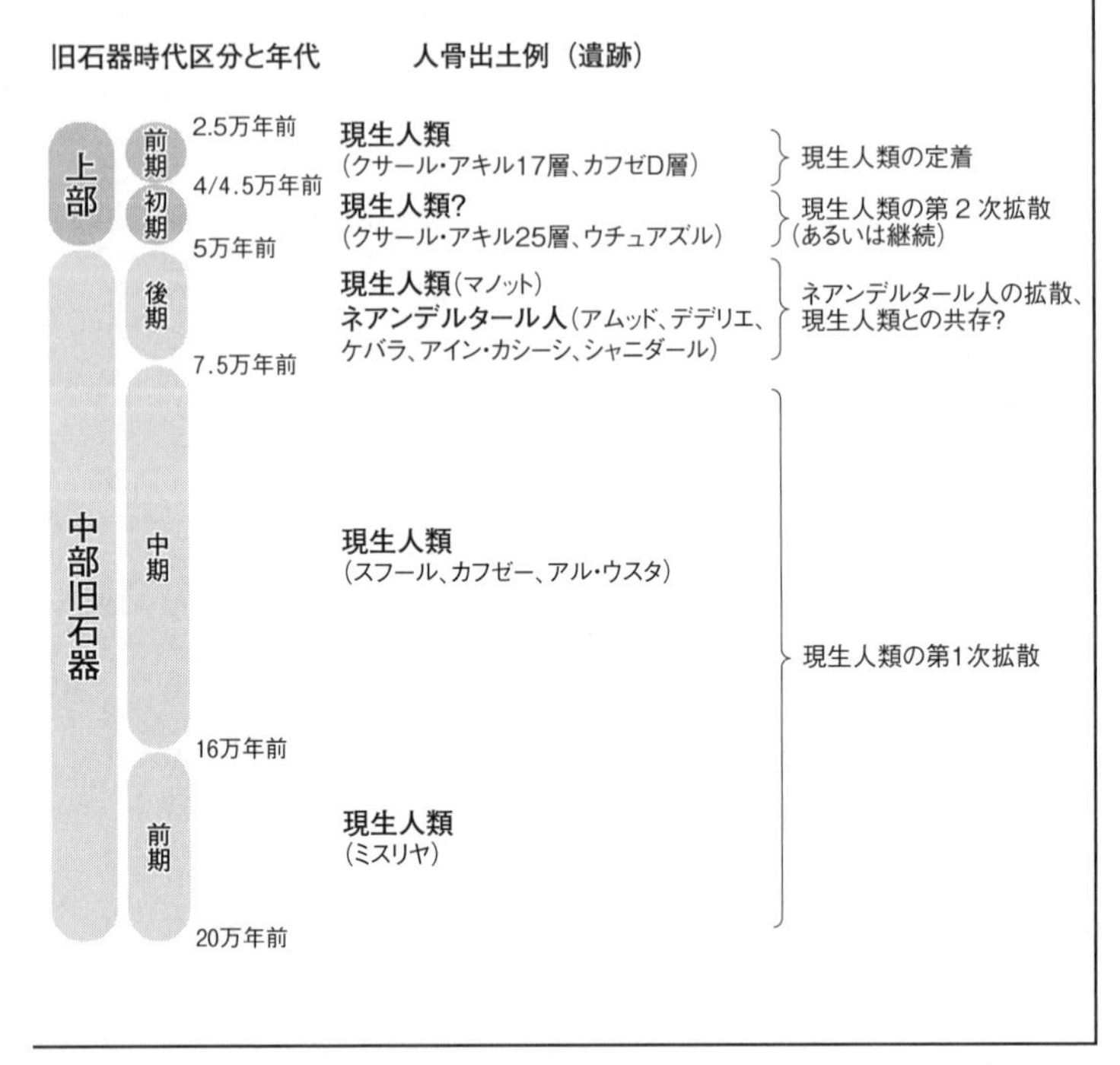

図1-2　西アジアの旧石器時代区分と年代、人骨記録、および古気候変動の記録。レヴァント地方とアラビア半島では乾燥・湿潤の変動パターンが互いに逆の傾向がある。

図版出典

Torfstein, A., Goldstein, S.L., Kushnir, Y., Enzel, Y., Gerald, H., and Stein, M., Dead Sea drawdown and monsoonal impacts in the Levant during the last interglacial. *Earth and Planetary Science Letters* 412, 235–244. 2015.

Tierney, J.E., deMenocal, P.B., and Zander, P.D., A climatic context for the out-of-Africa migration. *Geology* 45–11, 1023–1026. 2017.

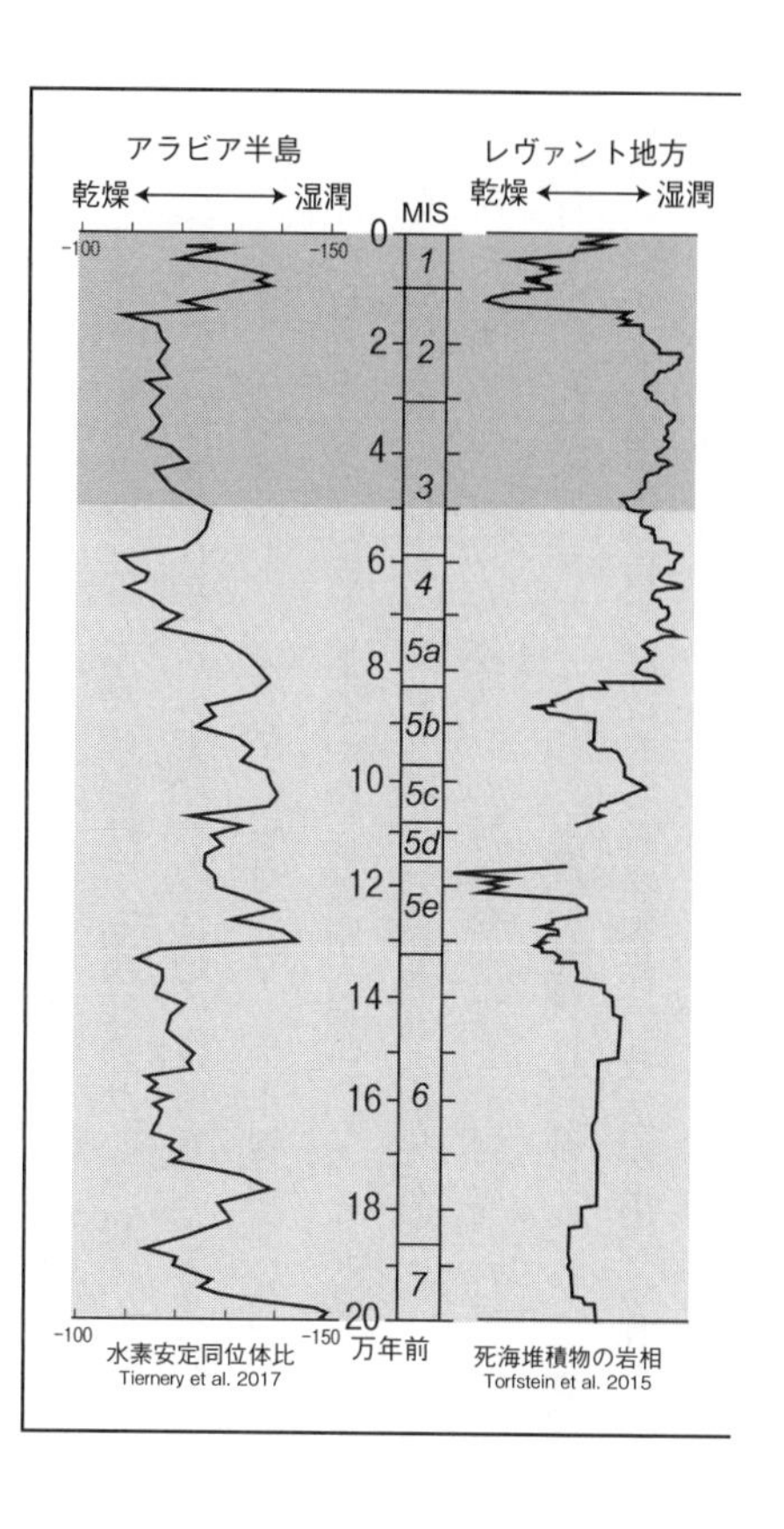

人口を増加させ西アジアに定着したのです。

以上が西アジアにおける現生人類の出現から定着までの大まかなシナリオですが、これが生じた要因やプロセスを示す記録として、次に考古学や古気候学の研究について触れます。

現生人類はなぜ西アジアに拡散したか?

現生人類はアフリカを出て世界に拡散しましたが、アフリカからユーラシアに分布拡大したのは現生人類だけではありません。それ以前にも、原人ホモ・エレクトゥスなどが拡散していました。現生人類と同じく、自然環境の変化と密な関係があったことが明らかになっています。現在の気候では、北アフリカからアラビア半島にかけて広大な沙漠が続き、徒歩による移動には大きな障壁といえます。しかし、約一三万年前―七万年前（海洋酸素同位体ステージ5）には、この一帯はいくどか湿潤化しており、それによって人類を含め生物の分布が拡大したことがわかっています。このタイミングは、レヴァント地域のスフール洞窟やカフゼー洞窟、アラビア半島南部のジェベル・ファヤC層、ドファール地域、半島北部のアル・ウスタ遺跡の人骨や石器資料から推測される現生人類の拡散初期に相当します。したがって、このときの現生人類の拡散は、おもに気候の湿潤化に促進されたものと考えられています。

北アフリカからアラビア半島にかけても現在のサハラ以南と似たような環境が拡がっていたとしたら、そこに適応して暮らすための行動や技術も大きく変わる必要がなかったと考えられます。実際に、ジェベル・ファヤC層やドファール地域で見つかった石器は、同時代のアフリカ東部から北東部の石器と形態や製作技術が似ていると指摘されています（両面加工を施した木葉形の石器やヌビア型ルヴァロワ方式と分類される剝片石器）。

一方、レヴァント地方のスフール洞窟やカフゼー洞窟の石器には、同時期のアフリカ北東部で流行していた技術（ヌビア型）の痕跡が見受けられません。その代わりにタブンC型とよばれるレヴァント地方独自の伝統的な石器製作の技法が用いられたことが見て取れます（この違いはわずかで、類似性が高いという意見もあります）。じつは、スフール、カフゼー両洞窟が位置するレヴァント地方の死海周辺は、より南部のアラビア半島と気候変動パターンが異なり、アラビア半島が湿潤化した一方で、死海周辺は比較的乾燥していたのです[図1-2]。ただ、乾燥と湿潤の変動は短い周期でも生じていましたので、スフールやカフゼーに現生人類が居住していたタイミングでの正確な環境については今後の確認が必要です。

また、中部旧石器前期に現生人類が西アジアにいたことを示したミスリヤ洞窟は、スフールやカフゼーよりもさらに六万年〜一〇万年も年代が古く、海洋酸素同位体ステージ6の初頭に相当します。死海堆積物の分析結果によると、レヴァント地方の気候は少なくとも現在より湿潤だったようです。

いずれにしても、アラビア半島からレヴァントにかけて最初に拡散した現生人類集団はずっと安定した好適環境にいたわけではなく、しばしば生じた気候変動に応じて再移動や道具技術を変える必要があったと考えられます。もちろん、環境適応だけでなく、移動によって変化した集団サイズに適したものが選ばれたり、集団構造によって文化伝達が異なったことも道具技術の変化の要因として考えられます(6章参照)。

2　現生人類とネアンデルタール人の出会い

なぜ出会ったか？

このように、アフリカから西アジアへ現生人類の拡散は早くから進行していたのですが、これによって西アジアに現生人類が定着したわけではありません。西アジアにはじめて現生人類が登場したのは中部旧石器時代前期〜中期ですが、それに続く中部旧石器時代後期にはネアンデルタール人が増加し、現生人類は減少してしまいました。

西アジアにおけるネアンデルタール人の出現は、ヨーロッパで進化したネアンデルタール人の一部が南下してきたためと考えられています。南下した原因は環境変化にあったとみられています。当時、地球規模の寒冷化（海洋酸素同位体ステージ4に相当）が進行しており、その影響はヨーロッパなどの高緯度地帯は特に強かったはずです。そのため、より温暖な南方にネアンデルタール人の分布がシフトしました。南東ヨーロッパやコーカサス地方から西アジアへ侵入してきたというわけです。

このとき、西アジアでの現生人類の分布は縮小したといわれています。しかし、アフリカにおいてネアンデルタール人骨が見つかった例はありません。ネアンデルタール人の南方への拡散は西アジアのどこかで止まったはずです。どこで拡散が止まり、それはなぜだったのかを考えるには、当時の環境復元マップの上に、ネアンデルタール人骨の発見地を重ね合わせてみると示唆的です［図1―3］。当時の西アジアは全般的に寒冷・乾燥化していたと推測されていますが、アラビア半島から北アフリカにかけては特にこの影響が強く、乾燥帯が拡がっていたと考えられています。ネアンデルタール人骨が発見されているのは、この乾燥帯ではなく、東地中海沿岸のレヴァント地方や北部から東部のタウロス・ザグロス山地帯です。レヴァント地方は当時、湿潤だったことが死海堆積物の分析からわかっています。つまり、西アジアの内陸や南部に拡がっていた乾燥帯が、ネアンデルタール人南下の障壁だったと考えられます。

西アジアで現生人類の分布が縮小した理由については、ネアンデルタール人の侵入、気候変化、おそらくその両方が関わっていたとみられます。北アフリカからアラビア半島一帯の乾燥化により、生物が生息しやすい場所はレフュジアとよばれる退避地に限られていた可能性があります。それがどこにあったかといえば、一番の候補は当時の遺跡が見つかっているナイル川流域やアラビア半島南西部、そしてレヴァントです。ナイル川流域のタラムサ遺跡では、現生人類の骨が見つかっています。アラビア半島南東部のＳＤ１遺跡では人骨は見つかっていませんが、アラビア北部では九万年前ごろ（まだ湿潤だったころ）の現生人類の骨が見つかってい

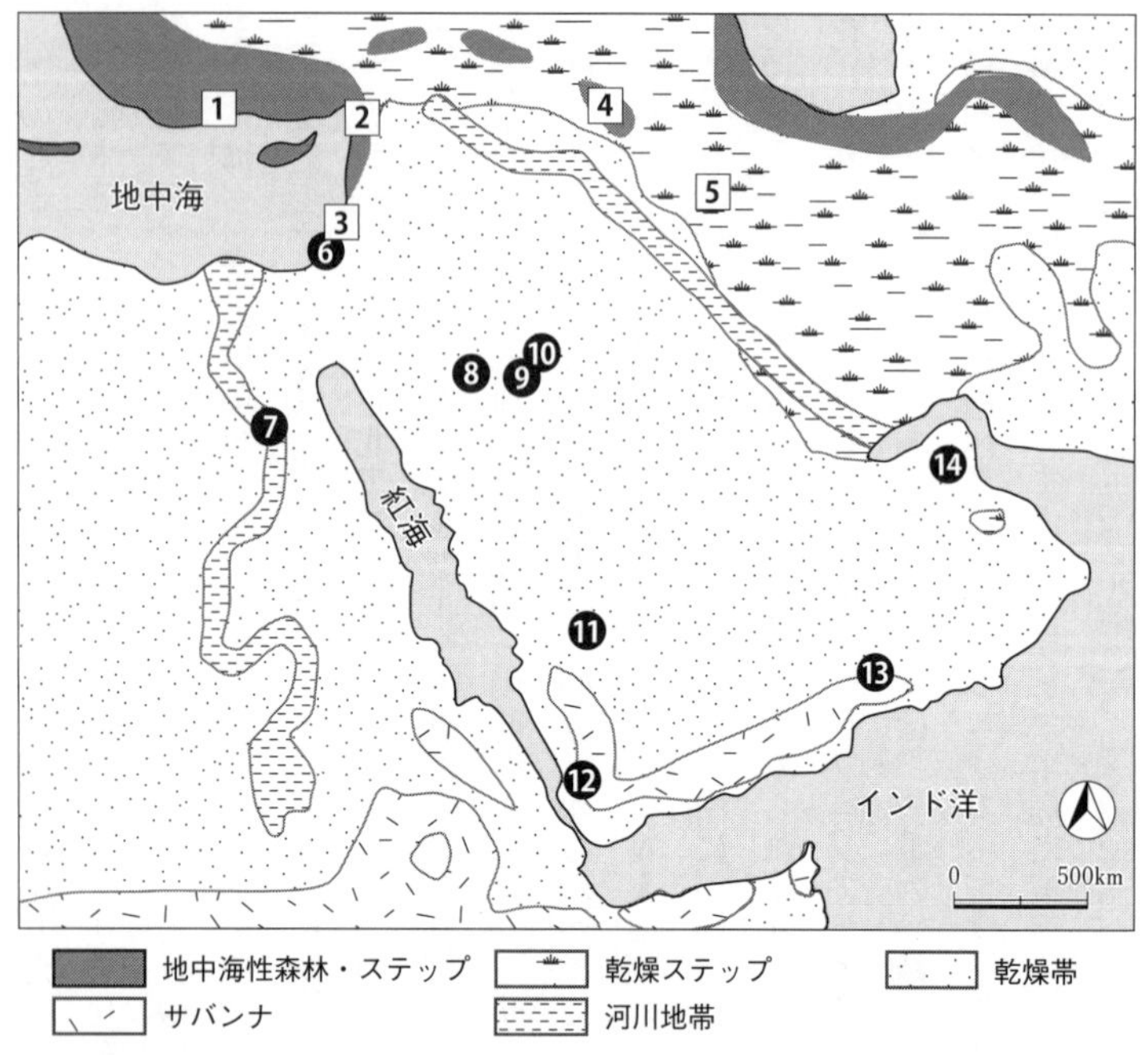

図1-3 西アジアにおけるネアンデルタール人骨の発見地（1～5）と現生人類の遺跡（❻～⓮人骨発見地以外に石器からの推定も含む。5万年前以前に限る）。地図は海洋酸素同位体ステージ（MIS）4の時期の海岸線と植生復元。

1 カライン　2 デデリエ　3 ケバラ、アムッド、アイン・カシーシ
4 シャニダール　5 ビシトゥン
6 マノット、カフゼー、スフール、ミスリヤ　7 タラムサ
8 アル・ウスタ　9 アル・マラット　10 ジュバー　11 ムンダファン
12 SD-1　13 ドファール　14 ジェベル・ファヤ

図版出典

Boivin, N., Fuller, D.Q., Dennell, R., Allaby, R., and Petraglia, M.D., Human dispersal across diverse environments of Asia during the Upper Pleistocene. *Quaternary International* 300, 32–47. 2013.

ます。その遺跡の居住者はレフュジアに避難したと考えられます。同様にレヴァント地方にも現生人類が避難したとしてもおかしくありません。その証拠となりそうなのが、約五万五〇〇〇年前のマノット洞窟の現生人類化石です。

しかし、レヴァントが特別だったのは、ネアンデルタール人にとってもレフュジアであったことです。ネアンデルタール人は北から、現生人類は南部や内陸部からレヴァントに避難してきたのが当時の状況と考えられます。日本列島の本州の半分ほどのレヴァントでの出来事ですから、両者が遭遇する機会は大いにあったと考えられます。

ネアンデルタール人と交雑したころの現生人類

両者の行動様式がある程度似ていたとすれば、現生人類とネアンデルタール人のあいだで交雑があったとしてもおかしくありません。両者が共存したころの様子について、レヴァント地方の中部旧石器時代の考古記録をもとに述べていきます。

まず、旧石器時代の遺跡に多く残る石器からは、当時の道具の種類やその作り方を調べることができます。石器は基本的に利器（ナイフのような刃物）で、ガラス質の岩石を打ち割ることによって得られる破片（剝片）が素材です。剝片を得るための岩石の打ち割り方は、時代や地域によってさまざまに変化するのですが、当時の現生人類もネアンデルタール人もルヴァロワ方式とよばれる方法を多く用いていました。

ルヴァロワ方式では大きく定形的な剝片を得ることができるのですが、レヴァント地方の場合は三角形のポイントが多く見られるのが特徴です。先端が尖り、側縁にはまっすぐな刃がついています［図1–4］。それらは柄に装着して狩猟用の槍にしたり、天然アスファルトで握り部分（グリップ）をつけてナイフにしたようです。

食料についても、ネアンデルタール人と現生人類のあいだに大きな違いはなかったようです。どちらにおいても、主要な狩猟対象は、オーロクスやアカシカといった大型有蹄類のほか、ノロジカやダマジカ、野生ロバ、ガゼルなどの小型有蹄類です。また、捕まえやすいカメやトカゲなどの小動物も利用されていました。海岸部の遺跡では貝も食べられていました。有蹄類の狩猟では、身体の大きい成獣を主な標的としていました。幼獣や老獣に比べて成獣は捕まえにくいのですが、肉量の多い成獣を狙う戦略は現生人類とネアンデルタール人のあいだで共通していたことがわかっています。また、ネアンデルタール人がどのくらい植物質食料を利用していたかも興味深い論点ですが、西アジアではマメ類が利用されていたことがわかっています。

現生人類、ネアンデルタール人、両集団とも埋葬行為を行っていたことは広く知られています。カフゼー、スフール両洞窟の現生人類の埋葬には、シカの角やイノシシの下顎骨が伴っており、副葬品と考えられています［図1–5］。一方、アムッド洞窟のネアンデルタール人骨にはアカシカの上顎骨が伴っていました。

このように、中部旧石器時代のレヴァント地方では、ネアンデルタール人と現生人類の行動

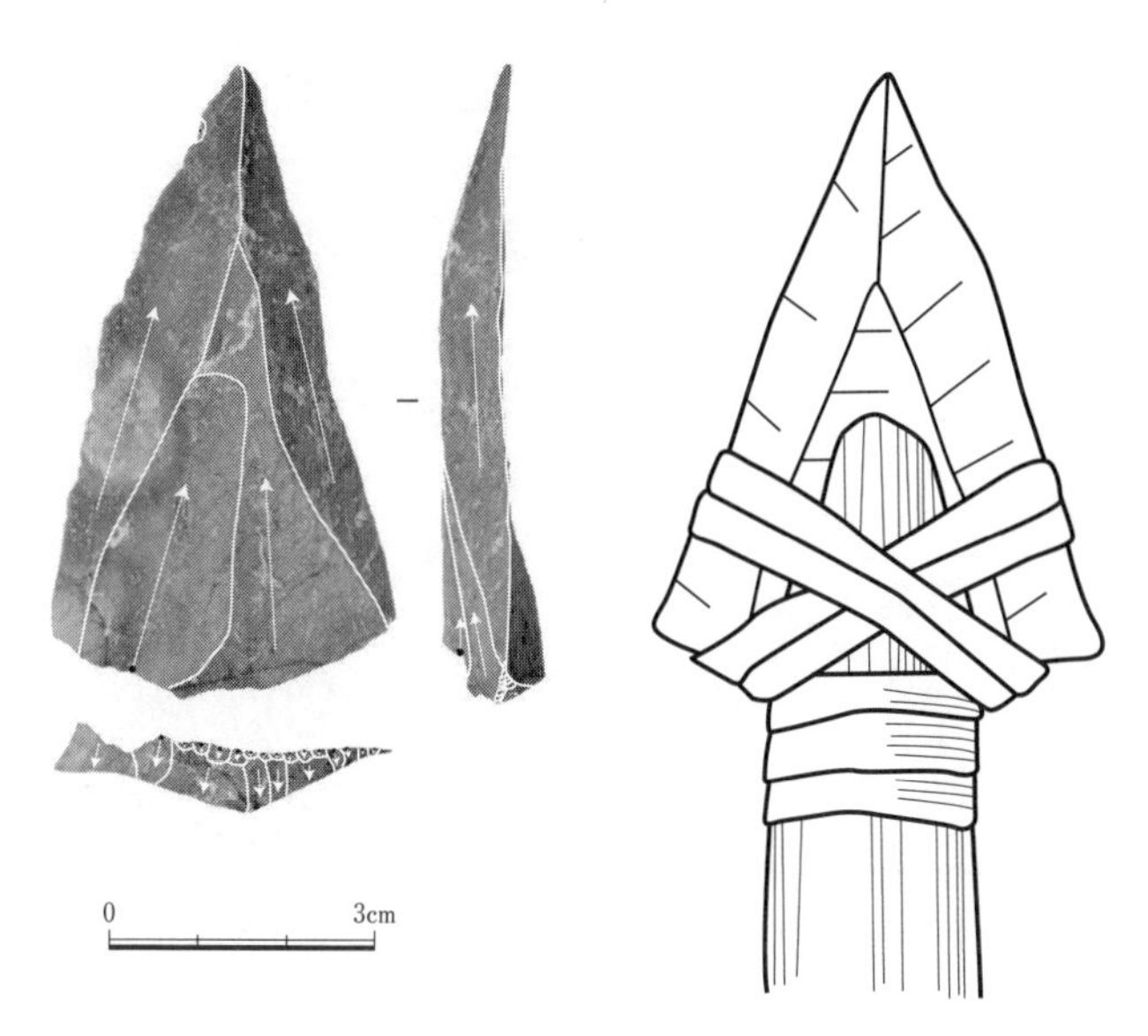

図1-4　中部旧石器時代のルヴァロワ尖頭器（ヨルダンのトール・ファラジ遺跡出土）と、その槍先としての装着推定。石器表面の曲線は剥離痕の輪郭を示す。輪郭内の矢印は剥離方向を示す。

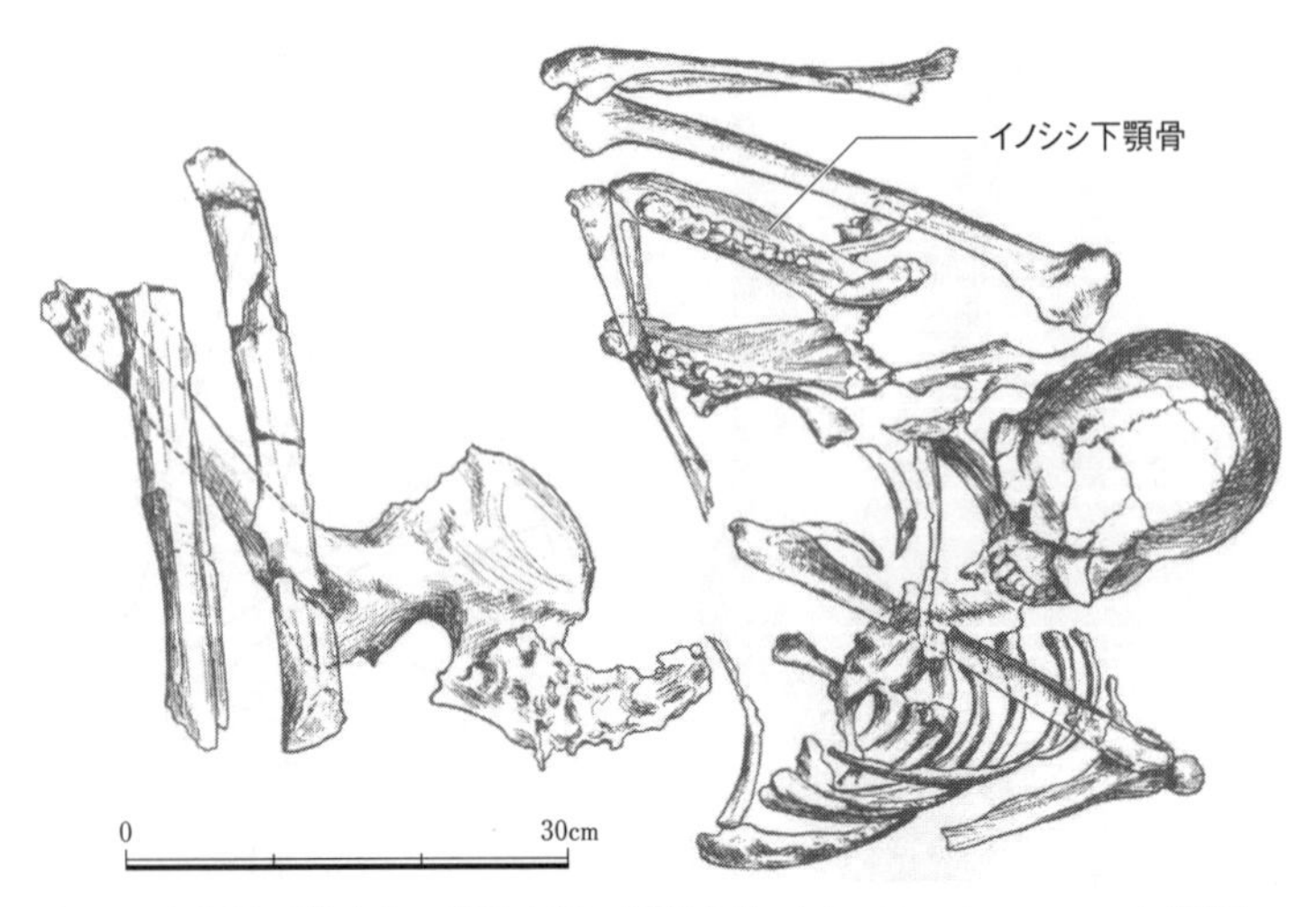

図1-5　中部旧石器時代の現生人類の埋葬人骨（イスラエルのスフール洞窟）。イノシシの下顎骨は副葬品と考えられている。
図版出典
Garrod, D.A.E. and Bate, D.M.A., *The stone age of Mount Carmel: excavations at the Wady el-Mughara Volume I.* AMS Press, New York, 1937（一部改変）

様式に共通点が多いのですが、違いの一つとして貝製ビーズの利用があげられます。今のところ、中部旧石器時代の貝製ビーズは、カフゼー洞窟とスフール洞窟のみから見つかっています。スフールの二点の貝殻は巻貝の仲間で、カフゼー洞窟の一〇点の貝殻は二枚貝の仲間です。貝殻の穴は、他の貝の捕食によってもあいてしまうので、人の手によるかどうかの判断が難しいところがあります。しかし、スフール洞窟は海岸から三・五キロメートル、カフゼー洞窟は四〇キロメートルほど離れているため、当時の人びとが何らかの目的で貝殻を運んできたとみられます。また、カフゼー洞窟の貝殻の穴の一部には抉(えぐ)りがあり、穴に通した紐が貝殻と擦れた痕と解釈されています。赤や黄色の顔料が付着している貝殻もあり、カフゼー洞窟では八〇点以上の赤色顔料の破片が見つかっています。

この違いが何を意味するか、さまざまな議論がありました。旧人と現生人類とのあいだに象徴能力の差があったことを示すといわれたこともあります。しかしながら、ヨーロッパではネアンデルタール人の遺跡からも装飾品が見つかっています。スフール洞窟と同じころのネアンデルタール人の遺跡である、イベリア半島南部のアヴィオネス洞窟では、二枚貝製の装身具が見つかっています。また、ヨーロッパのネアンデルタール人は鳥の羽根や猛禽類のかぎ爪を装飾品として利用していた記録もありますし、洞窟壁画を残したともいわれています。

こうした記録にもとづくと、中部旧石器時代の現生人類とネアンデルタール人の行動様式は、違いよりも共通点のほうが多かったと考えられます。

3　絶滅とボトルネック

五万年前のレヴァントで何があったか

西アジアでは、現生人類とネアンデルタール人の分布拡大が拮抗し、時には重なるような状態が数万ないし一〇万年以上あったかもしれません。しかし、最終的にはネアンデルタール人が消滅しました。そのタイミングや要因についての近年の研究動向を説明します。

レヴァントのアムッド洞窟やケバラ洞窟において、ネアンデルタール人骨が見つかった地層の最も若い年代が五万年前ごろです。このときレヴァントに現生人類もいたかもしれません。マノット洞窟で出土した現生人類の人骨が五万五〇〇〇年前と年代づけられているからです。そして、五万年前以降の人骨で同定可能な資料はどれも現生人類のみです。その最古の例、クサール・アキル岩陰二五層（通称「エセルーダ」）の年代は四万二〇〇〇年前ごろ（あるいはもっと古く四万四〇〇〇年前―五万年前）と推定されています。これらをふまえると、西アジアでは五万年前ごろにネアンデルタール人が消滅した一方、現生人類は継続したというシナリオになります。そこで問題になるのは両者の命運を分けた要因です。

まず、長期的な状況をおさえておくために、最近のゲノム研究の成果を参照します。PSMC法によって過去の現生人類と旧人の個体数の変動が推測されていますが（5章参照）、ネアンデルタール人やデニソワ人は五〇万年以上前に現生人類の系統と分岐してから、人口が減少し続けたと推定されています。これをふまえると、西アジアで約五万年前にネアンデルタール人が消滅した理由は、長期的な人口減少の結末と考えられます。したがって、旧人消滅の原因を説明するには、消滅した五万年前だけに着目するのではなく、それ以前から長期的に人口が減少してきたことの理由も説明されなければなりません。この説明をするには、西アジアではなく、ネアンデルタール人やデニソワ人の分布中心域であるヨーロッパやユーラシア北部から東部の研究が必要となりますので、ここでは深く立ち入りません（2章参照）。

ただ一つここでいえることとは、現生人類も二〇万年前ごろから五万年前―四万年前のあいだに個体数が減少しており、その傾向はアフリカ以外の地に暮らしていた集団（非アフリカ集団）に強く認められるということです。この時期には、現生人類が少なくとも西アジアに拡散していたことは確実で、さらにユーラシア南部やオーストラリアまで拡散していた可能性も指摘されています（2章参照）。また最後の五万年前―四万年前には、ユーラシア北部も含めた広域に現生人類が分布拡大した記録が増加しています。

これをふまえると、旧人と現生人類の両方にとって当時のユーラシアにおいては個体数を維持するのは難しかったと考えられます。

その背景として、気候変動によって資源環境が変化したことや進出した先で遭遇した新たな環境への対応、進出のために集団が細分化したことなど、自然・社会環境の変動による影響が想定されますが、具体的プロセスの解明は今後の課題です。

いずれにしても、長期的な人口減少が旧人と現生人類の両方に見られ、そのピークが五万年前—四万年前にあったとすると、旧人にとってはそれが「絶滅」、現生人類にとっては「ボトルネック」だったということです。「絶滅」に至らず「ボトルネック」で済んだお陰で、今の私たちがいるわけです。旧人と現生人類の命運を分けた違いは何だったのかが問題です。

この問いに答えるためには、旧人の絶滅、現生人類のボトルネックのころに何が起こっていたかに着目する必要があります。それに関する記録を次に見ていきましょう。

古環境と動物資源の変化

ネアンデルタール人が消滅した五万年前ごろの西アジアで何が起こっていたのかといえば、従来から注目されてきたのが、気候変動です。ちょうど五万年前ごろに大規模な寒冷化が生じていたことがグリーンランド氷床の研究から知られています（ハインリッヒイベント5）。またこの時期、レヴァントでは乾燥化したことが死海堆積物の分析から示されています〔図1-2〕。

レフュジアだったレヴァントが寒冷・乾燥化してしまったためにネアンデルタール人の分布が縮小し、人口も減少したという説明です。

しかし、気候変動がレヴァントの植物・動物相に実際にどの程度の影響を与えたかについては論争があります。たとえば、消滅直前のネアンデルタール人が住んでいたアムッド洞窟から出土した小動物骨を調べた研究によると、五万年前に近い時期になってもその構成に大きな変化が認められないといいます。またデデリエ洞窟では、ネアンデルタール人居住層の上部においてシカ類の骨の比率が高くなる傾向が報告されています。乾燥化ではなく、逆に湿潤化して樹木が増加したような変化もあったと解釈されます。

それでもやはり、動物資源の減少を示すような記録が、ケバラ洞窟から報告されています。ネアンデルタール人骨が見つかった地層の下部から上部にかけて（つまり後の時期になるほど）オーロクスやアカシカなどの大型有蹄類の比率が減少した傾向があります［図1-6］。それと並行して小型有蹄類のガゼルも、若齢個体の比率が増加しています。ネアンデルタール人は、肉量の多い成獣をおもなターゲットに狩りをする傾向があると先述しましたが、それが変化したことを意味します。また、ガゼルとダマジカの骨に占める頭蓋部分の比率が減少する傾向が見られます。これは、次第に離れた場所で狩猟し、居住地に持ち帰る部位の選択が厳しくなった結果と解釈されています。

肉量の少ない小型有蹄類や若齢個体の捕獲が増加し、狩猟場が遠くなった原因としては、気

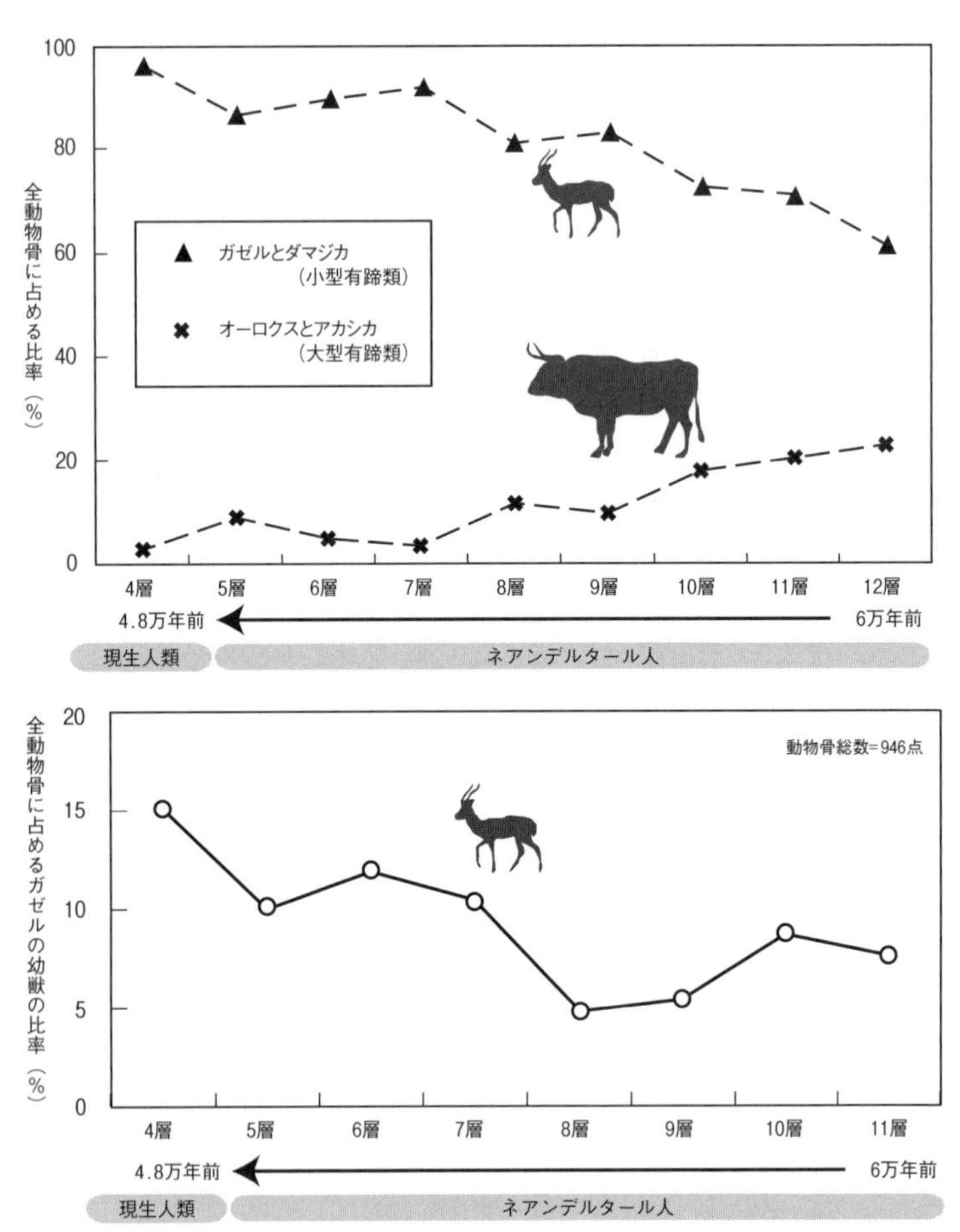

図1-6　イスラエルのケバラ洞窟における動物骨の層位的変化
上 小型有蹄類と大型有蹄類の比率、下 ガゼル幼獣の比率
ネアンデルタールが居住した中部旧石器時代のあいだ、小型有蹄類とガゼル幼獣の比率が増加した。この傾向は上部旧石器時代の現生人類の地層（4層）に継続した。
図版出典
Speth, J.D., Hunting pressure, subsistence intensification, and demographic change in the Levantine Late Middle Paleolithic. In: *Human Paleoecology in the Levantine Corridor,* edited by Goren-Inbar, N. and Speth, J.D., pp. 149–166, Oxford: Oxbow Books. 2004.（一部改変）

候変動による動物資源の変化も考えられます。一方、別の可能性として、遺跡周辺における長年の狩猟により動物資源が枯渇した（狩猟圧）という人為的な要因も考えられています。

このように、ネアンデルタール人が絶滅したころの気候や資源環境についてはまだ一定の見解の確立には至っていません。レヴァント地方の中でも、地中海沿岸部と内陸部では気候や動植物資源が異なりますので、ローカルな場所による違いについても今後明らかにされていく必要があります。いずれにしても、同時期のレヴァントに現生人類もいたとすれば、同じような状況を経験していたはずです。

4　現生人類の行動変化　上部旧石器時代のはじまり

ボトルネックを乗り越えた現生人類

西アジアでネアンデルタール人が消滅したころ、考古記録には大きな変化がありました。いわゆる上部旧石器時代のはじまりです。それ以前の中部旧石器時代（約二五万年前―五万年前）

とは違ってそれ以降に発見されている人骨は現生人類のみなので、上部旧石器文化の担い手も基本的に現生人類と考えられます。

現生人類が上部旧石器時代になってから拡散した地域（ヨーロッパや北アジアなど）では、基本的に「中部旧石器＝旧人」「上部旧石器＝現生人類」と考えられてきましたが、西アジアでは中部旧石器時代にも現生人類がいました。したがって、この間の考古記録の変化は現生人類の行動の変化を意味します。

上部旧石器文化が始まる五万年前―四万年前は、ＰＳＭＣ法にもとづく個体数推定によるとちょうど現生人類のボトルネックの時期に相当します。現生人類の絶滅危機を救った要因の一つとして考えられるのは文化です。彼らの文化、すなわち上部旧石器文化とはどのようなものか、簡単に説明します。

道具の変化、石刃の登場

まず、石器の形態や製作技術の変化が明らかになっています。形態という点では、「石刃」とよばれる細長い長方形の石器が増加します［図1-7］。レヴァント地方の諸遺跡における石刃の比率は、中部旧石器時代の遺跡では二〇パーセント以下です。上部旧石器時代初期になると四〇パーセントくらいに上昇し、続く上部旧石器前期（四万年前以降）には六〇パーセントくらいに上昇します。また、上部旧石器時代初期から前期にかけて石刃のサイズが縮小する傾向

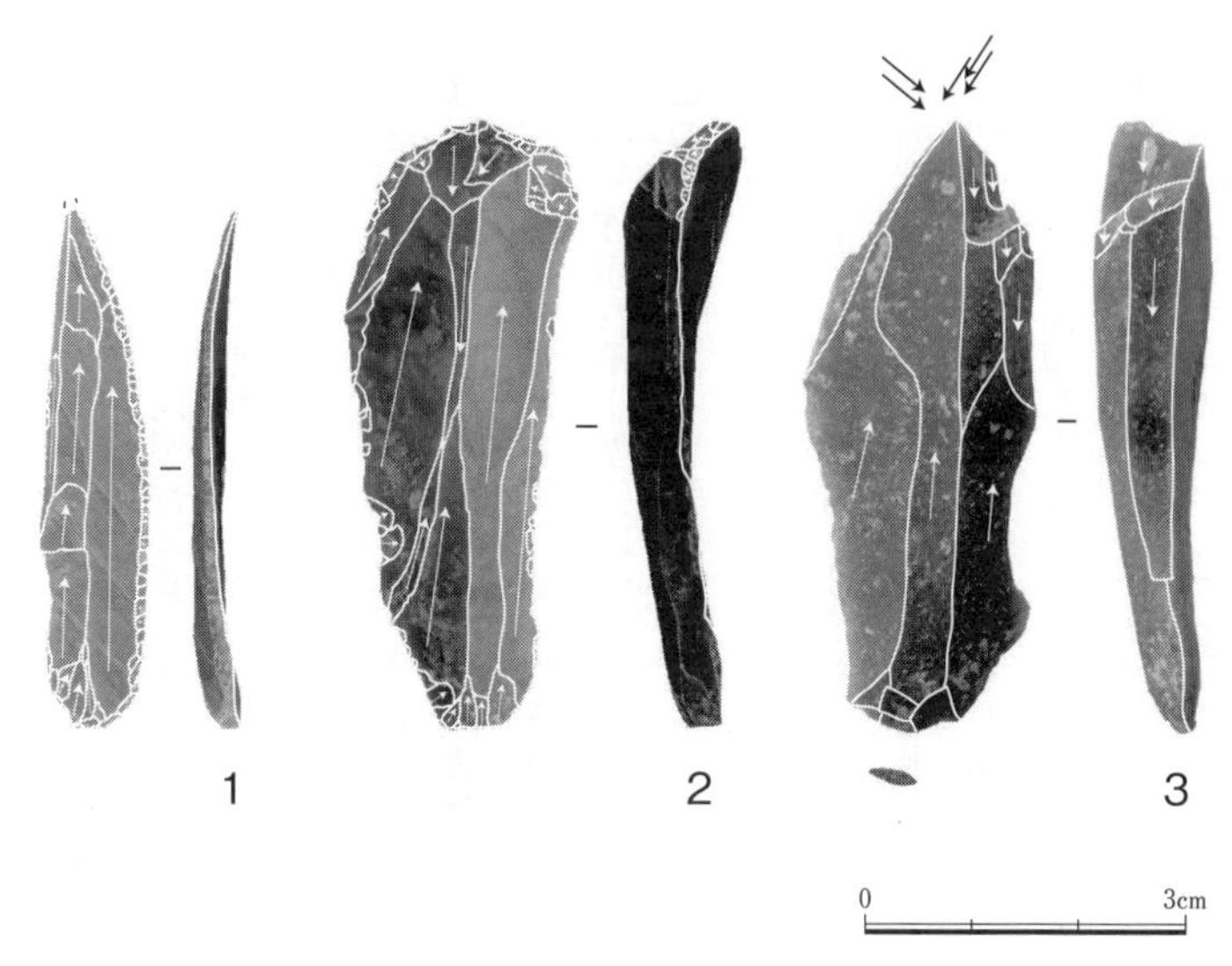

図1-7　上部旧石器時代に特徴的な石器器種（ヨルダンのトール・ハマル遺跡出土）

1 小石刃製の尖頭器　2 エンドスクレーパー（掻器）
3 ビュラン（彫刻刀型石器）

があります。初期の石刃は長さ五〜六センチ、幅二センチ前後ですが、次の前期では長さ四〜四・五センチ、幅一〜一・五センチに縮小します。この小型の石刃は小石刃とよばれます。

石刃や小石刃は両側縁にまっすぐな刃をもち、そのままナイフとして用いることができます。それらをさらに加工して定形的な道具が作られることもあります。その中で上部旧石器時代に特徴的なのがエンドスクレーパー（掻器）やビュラン（彫刻刀型石器）とよばれる石器が増えることです。エンドスクレーパーは動物の皮の表面を削って皮をなめすための道具で、ビュランは彫刻刀のような道具で骨などに溝を掘ったり刻み目を入れたりするのに使われた道具です。また、石刃の先端部を尖らせて作られる尖頭器も上部旧石器時代前期になると増加します。小石刃から作られる小型尖頭器が顕著に増えます。

このように石器の形態や製作技術が中部旧石器から上部旧石器へ変化したことは従来から知られています。ただ、この変化の意義はいまだ明らかになっていません。皮をなめすための道具なら中部旧石器時代にもサイドスクレーパーという道具がありましたし、ビュランも中部旧石器時代になかったわけではありません。ただ、小型尖頭器は、投げ槍など射的武器の先端に取りつけて新たな狩猟法をもたらし現生人類の増加を支えたという説明もあります。しかし、小型尖頭器が出現したのは上部旧石器前期になってからで、ネアンデルタール人が消滅したころや上部旧石器初期にはまだありませんでしたのでそれが要因とはいえないでしょう。

石刃の大量生産についてはどうでしょう？　石核からの剥離を石刃形態に集約することによ

って、一定量の石材から得られる刃わたりが増加する（つまり石材をより効率的に消費できるという利点）と従来は指摘されていました。ところが、石器の製作実験にもとづく最近の研究によると、石刃技術を用いても刃部の獲得効率が上がるとは限らないことがわかってきています。したがって、「なぜ上部旧石器時代に石刃が流行するようになったのか？」「石刃技術が現生人類の生存を助けたのか？」という疑問は解決されておらず、今後も研究が必要です。

増加する低ランク資源の利用

行動変化のもう一つの指標は、動物資源の利用です。具体的には、より幅広い種類の小型動物が利用されるようになったといわれています。中部旧石器時代でも、カメやトカゲ、貝などが食料として利用されていました。それらに加え、上部旧石器時代になるとウサギやリス、鳥、魚などの小型動物の利用も増えていきました。この傾向が上部旧石器時代初期にはすでに始まっていたことが、レヴァント北部のウチュアズル洞窟の研究で報告されています。

ウサギやリス、鳥、魚などの小動物はカメなどに比べてよりすばしこく、捕獲に工夫が必要です。また一個体あたりの肉量も限られているため、捕獲コストに対する収率という点から「低ランク資源」とよばれています。

低ランク資源の利用は中部旧石器時代後期にすでに進行していたといわれています。ネアンデルタール人が住んでいたケバラ洞窟では、ガゼルなど小型有蹄類、特にその若齢個体の捕獲が増加する傾向があったことを先に述べました。小型有蹄類や若齢個体は、オーロクスなどの大型有蹄類や成獣に比べると肉量が少ない、より低ランクの資源です。

ケバラ洞窟には上部旧石器時代（現生人類）の地層もあるのですが、小型有蹄類や若獣がさらに増加したことがわかっています［図1-6］。この要因が気候変動なのか取りすぎなどの狩猟圧なのかはまだ断定できませんが、いずれにしても、上部旧石器の動物利用行動は中部旧石器時代から進行していた動物利用の変化の延長線上に位置づけられるかもしれません。

ビーズが示す上部旧石器社会

上部旧石器時代には装飾品が増加したことも広く知られています。貝殻製のビーズもその一つです。貝殻ビーズは中部旧石器時代中期のカフゼー洞窟やスフール洞窟でも検出されたことを先に述べましたが、上部旧石器時代になると出土遺跡が増えるだけでなく、一遺跡あたりから見つかる数も増加します。たとえば、クサール・アキル岩陰から八〇〇点以上、ウチュアズル洞窟からは一〇〇〇点以上もの貝殻ビーズが報告されています。

興味深いのは、西アジアでネアンデルタール人骨が見つかる中部旧石器時代後期の遺跡では、貝殻ビーズの出土例がないことです。ネアンデルタール人も埋葬や装飾品を用いる象徴能力をもっていたのですが、レヴァント地方の中部旧石器時代後期は（たとえ現生人類もいたとしても）、少なくとも貝殻をビーズに用いる社会ではなかったようです。

一方、上部旧石器時代においてビーズを頻繁に用いる傾向はレヴァント地方だけではなく、より広い地域においても知られています。ヨーロッパでも同様な現象が生じていました（Stiner 2014）。またヨーロッパでは、貝殻ビーズに加えて歯牙や骨、石製のビーズも作られるようになりました。同時に、ビーズの形やサイズが地域ごとに類似していたといわれています。

たとえば貝殻ビーズの場合、紐に吊り下げたときにカゴの形をする種類があります［図1－8］。長さが一・五センチ前後の巻貝製です。地中海沿岸の東部、北部、西部にかけて、地域ごとに貝の生物学的分類は異なっても、この形とサイズの貝殻が用いられているのです。カゴ形ビーズになる貝殻として *Nassarius* 属や *Cyclope* 属など肉食性の巻貝があげられますが、肉食貝は草食や雑食性の貝に比べて少ないので、海岸で頻繁に目につくわけではありません。ですので、当時の人びとが意識的にカゴ形の貝殻を選んで集めたと考えられます。また、カゴの形が意識されていたようで、歯や骨、象牙、石を素材にしてカゴ形のビーズも作り出されていました。

ビーズは複数をつなぎ、組み合わせて、多様なシグナルを創出する情報伝達メディアだったという解釈があります。そのため、ビーズの形は均質であることが求められたと思われます。ただ、ビーズが用いられる範囲内であれば、異なる集団のあいだで形が違っていてもよいはずです。実際にレヴァント地方では二万年前以降になると、カゴ形よりもツノガイの棒形ビーズが増加するようになります。ビーズの形の流行が変わったのだと思われます。したがって、「一・五センチのカゴ形」という特定のビーズフォーマットがイベリア半島からレヴァントま

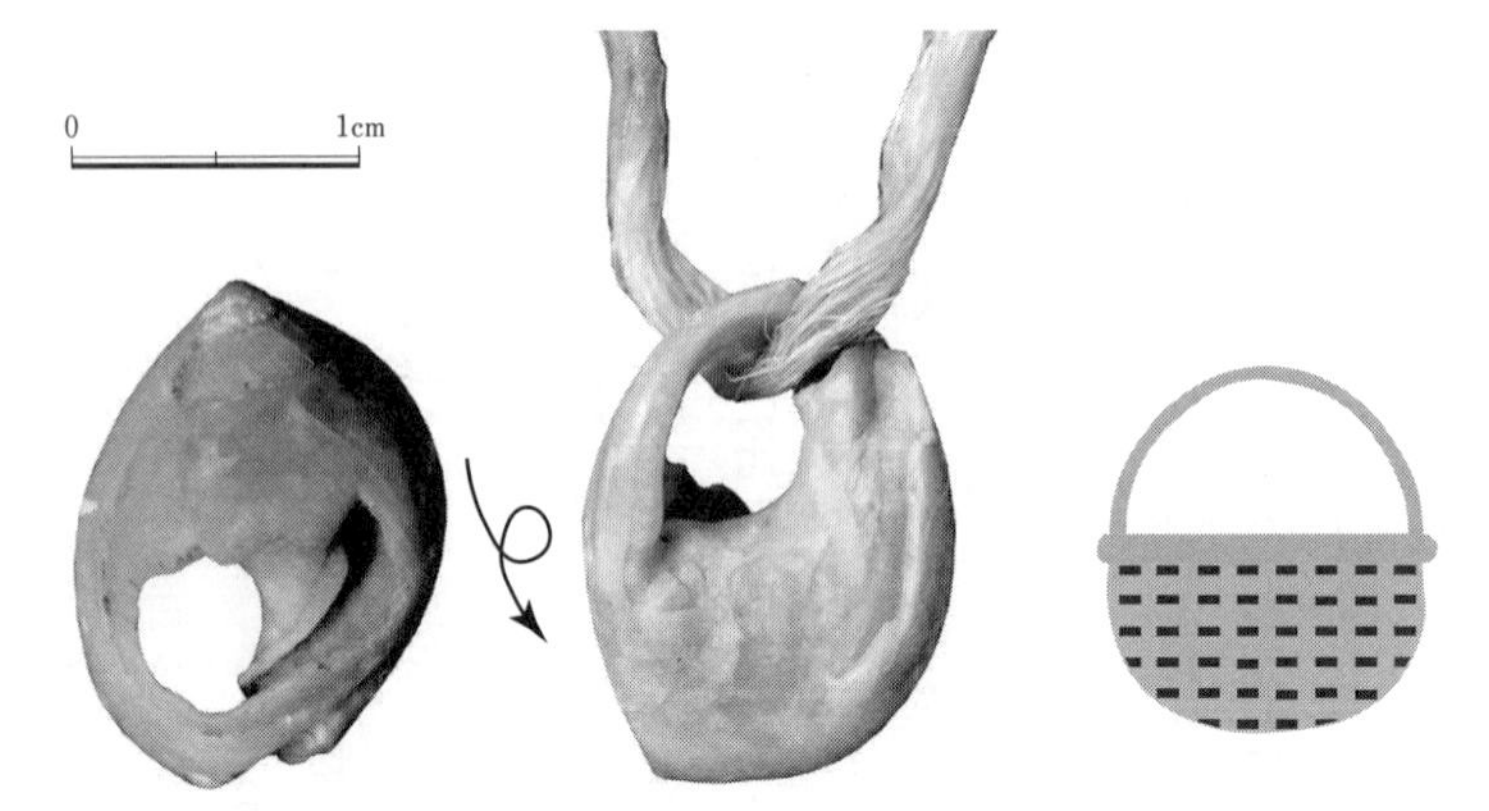

図1-8　上部旧石器時代に西アジアからヨーロッパ南部にかけて流行したカゴ形の貝殻ビーズ。巻貝（*Nassarius*）に開けられた穴に紐を通し貝殻をぶら下げると、ひっくり返ってカゴのような形になる。

で広域に共通していたという現象は特筆に値します。

この現象は、当初は近隣集団でのビーズ交換などを通して築かれた社会ネットワークが、のちに広範囲に連結した結果と解釈されています（Stiner 2014）。このネットワークが、狩猟採集社会で見られるような互恵的な関係網だったとすると、ネットワークへの参加によって環境上、社会上のリスクが低減されたかもしれません。この利点を意識してビーズが用いられたのならば、ビーズのやりとりを通した協力的な人間関係の発達が上部旧石器社会の特徴の一つといえるのかもしれません。

5　何が重要だったのか？

問い直される「現代人的行動」

上部旧石器時代の考古記録の特徴として、石器の形と製作技術、動物利用、貝殻ビーズについて概観しましたが、これらは人間行動の一部にすぎません。それ以外の行動として、資源を

集めてくる範囲の広さや居住移動のパターン、居住空間の構造などについても研究されていま
す。その成果を通して上部旧石器時代に特徴的なさまざまな行動が報告されてきましたが、は
たしてそれが「現生人類の絶滅危機を救った要因」あるいは「ネアンデルタール人との生存競
争に勝った要因」といえるのかどうかは明らかになっていません。

かつては、ヨーロッパの上部旧石器時代やアフリカの後期石器時代に特徴的な石器や資源利
用、装飾品などの考古記録が「現代人的行動」という概念でまとめられ、旧人とは異なる行動
的現代性を同定するための指標と考えられていました。しかしながら、アジアやオセアニアも
含めた広い地域の考古記録に対して、現生人類の拡散・定着という観点から研究が進展すると、
「現代人的行動」は地域によって多様であることが明らかになってきました（西秋　二〇一五、
海部　二〇一六）。たとえば、ユーラシア西部から北部の上部旧石器に特徴的な石刃・小石刃は、
東南アジアやオセアニア地域にはほとんどありません。

また、「現代人的行動」と考えられていた指標（石刃や装飾品、幅広い食料など）がネアンデ
ルタール人に伴う例もあることが明らかになりました。逆に、現生人類の起源地であるアフリ
カでさえも「現代人的行動」の記録が一様に発達してきたわけではなく、地域によってはなか
ったり、一度生じても後に消えてしまったりするモザイク的な消長パターンだと理解されてい
ます（門脇　二〇一四）。

現生人類がボトルネックを経験したとき、あるいはネアンデルタールが絶滅した五万年前—

四万年前ごろまでに、それぞれの集団はアフリカやアジア、ヨーロッパの広い地域に分布していました。その至るところでボトルネックや絶滅が生じたとすれば、それらが生じた自然・社会環境は多様だったと思われます。

そのすべてに共通する要因を求めて、従来は「現生人類」対「ネアンデルタール人」という集合的枠組みで行動や文化を比較していました。ところが研究が進んだ現在では、現生人類とネアンデルタール人それぞれの行動の多様性や、逆に両者のあいだの共通性が明らかになってきました。そのため、現生人類とネアンデルタール人の命運を分けた要因を特定の行動要素に一般化することが難しくなっています。

「創意工夫の才や柔軟性」を具体的に示す

こうした研究経緯のもと、現生人類がさまざまな環境に拡散し定着できた要因に対する現状の説明は、「変動する状況や環境に応じて革新を生み出す才能や柔軟性」(Kaifu et al. 2015) や「技術の根底にある創意工夫の才や順応性」というものです（ライク 二〇一八）。抽象的な説明ですから、さまざまな研究によって具体化していく必要があります。ゲノム研究では今後、創意工夫の才や順応性の遺伝的基盤が特定され、現生人類とネアンデルタール人のあいだで違いがあるかどうか調べられるかもしれません。

その一方、考古学は何ができるかといえば、まず一つめは、現生人類が拡散・定着した時期の考古記録の地理的変異を整理することです。考古記録の地理的多様性はランダムというわけでもありません。たとえば、石刃・小石刃の石器技術はユーラシアの西部、中央部、北部、北東部（そして日本列島も）で流行した一方、ユーラシア南部、南東部、ウォレシア、オセアニアにはほとんどないという傾向はよく知られています。

これと同様に、食料資源や居住移動、装飾品など他の記録についても広域での地理的傾向が明らかにされることが理想です。その結果を地域ごとの環境に照らし合わせることができれば、「変動する状況や環境に応じた柔軟性」が発揮された結果を具体的に（できれば定量的に）示すことができるでしょう。その文化地理的パターンは自然環境に対応して説明できるかもしれませんし、対応しない部分があるかもしれません。自然環境で説明できない部分については、文化伝達プロセスなどが要因として考えられます。

二つめのアプローチは、現生人類が拡散し各地域に定着したときになぜそのような行動をとったか、その特徴的行動の発生プロセスを明らかにすることです。創意工夫の才や柔軟性が現生人類の拡散と定着にとって必要だったとしたら、その能力が発揮されたプロセスを、環境条件に照らし合わせながら具体的に示すことが参考になるはずだからです。ただ、これらの研究を正確に実行するのは簡単ではありません。順応性が発揮されたプロセスを復元するには、現生人類の拡散と定着期の遺跡から記録を収集し、できるだけたくさんの行動を復元する分析を行い、それぞれの行動が変化していった過程を年代順に示すことが必要です。

まず、考古記録の年代決定が重要です。この時代の遺跡・考古記録は希少で、五万年前に近い試料に対しては放射性炭素年代測定が難しくなります。また有機物が残りにくい土壌など、遺跡の状況に左右され食料資源や装飾品など、行動を復元するための記録の残存は限られてしまいます。古気候の復元研究は地球科学の分野において進展していますが、問題の時代（五万年前—四万年前）の気候は短い周期で変動していましたので、遺跡の年代がしっかり定まらないと気候変動と行動の対応を知ることは難しいのです。また、人類行動に直接影響を与えた環境条件を知るには、遺跡や遺跡近郊の堆積物などを分析し、よりローカルな範囲での古気候復元を行う必要があります。

遺跡から新たな証拠を引き出す

現生人類の分布拡大に伴ってどのような行動や文化が展開したのか、それを探るため、筆者は、レヴァント地方の南ヨルダンにおいて遺跡調査を進めています。レヴァントはすでに述べたように中部旧石器時代に現生人類とネアンデルタール人がそれぞれ南と北から分布拡大した地域です。南ヨルダンはレヴァント南部の内陸部に位置しており、アラビア半島北西部がすぐ隣です。アラビア半島に拡散した現生人類が、乾燥化などが原因でレヴァントに避難してきたとすれば、南ヨルダンの辺りを通ったと思われます。

南ヨルダンの現在の気候はとても乾燥していて（年間降水量五〇ミリメートル以下）、ベドウ

図1-9　南ヨルダンの景観。ワディ・アガル遺跡（上部旧石器時代初期）から南方のヒスマ盆地を望む。写真中央にベドウィン遊牧民のテントがある。現在は沙漠だが、旧石器時代はヤギやガゼル、ウシ、ダチョウなどが生息していた（撮影・門脇誠二）。

ィンとよばれる遊牧民が居住しています［図1-9］。家畜を保有しない狩猟採集民がかつて暮らしていたとは想像しがたい環境です。しかし、遺跡を発掘するとガゼルやヤギ、ウシなどの骨、またダチョウの卵殻が見つかるので、旧石器時代は野生動物が豊富だったはずです。当時のレヴァント地方はいまよりも湿潤だったことは死海堆積物の研究などから知られています［図1-2］。

ただ、当時もレヴァント北部や地中海沿岸に比べると南ヨルダンはより乾燥していたようで、遺跡から出土する動物骨にはシカやイノシシなど森林性の種類は含まれていません。したがってこの地域は狩猟採集民が居住できたとしてもステップ的な環境で、気候が乾燥化した際には大きな影響があったと考えられます。今よりは湿潤だったといっても飲み水や食料資源がどこにでも豊富にあったわけではないのです。また、この地域一帯の地質はカンブリア紀の砂岩で、石器石材に適したガラス質のフリントはほとんどありません。したがって、石器時代の人びとは限られたフリント産地を有効利用する必要がありました。

このようにさまざまな資源に制約があったと思われるのですが、調査地にはたくさんの旧石器時代遺跡が残されていて、人びとがこの地を好んで暮らしたことがわかります。遺跡に残された考古記録から当時の人びとの行動をできるだけ幅広く詳しく復元することによって、この地域に暮らした現生人類（とおそらくネアンデルタール人）の「順応性」を具体的に示したいと思っています。

南ヨルダンの考古記録からわかること

これまでの調査で、ネアンデルタール人がレヴァントにいた時期に相当する中部旧石器時代後期から、その後の現生人類の時代（上部旧石器時代以降）に相当するいくつかの遺跡を発掘しました。発掘で見つかる遺物のほとんどは石器です。これまでに三万二〇〇〇点以上の石器を収集しました。それを時代順に比較して、石器の形態や製作技術が変化した過程を明らかにする分析を進めています。大きな傾向として、中部旧石器時代のルヴァロワ方式から変化して上部旧石器時代初期には石刃が増加し、その後に石刃が小型化していった過程が明らかになっています［図1-10］。

石刃の増加と小型化は、ユーラシア西部・中央部・北部において現生人類が拡散・定着した時期に広い地域で認められる現象です。石刃・小石刃技術をもった現生人類が広域に拡散していったというのがこれまでの解釈です。その解釈をもとに、石器の変化と人口動態の関連を数理モデルによって示す研究を数理科学者と共同で行っています（Wakano et al. 2018　6章参照）。

石器以外についても、資源の獲得や居住移動、装飾品の利用についても分析を進めています。上部旧石器時代以降には、鳥などの小型動物の利用が増え、装飾品が現れるようになります。上部旧石器時代になると海産の貝殻が遺跡で見つかるのが特徴です（図1-11　Kadowaki et al. 2019）。その種類は紅海産や地中海産のものですが、遺跡から紅海は五五キロメートル、地中

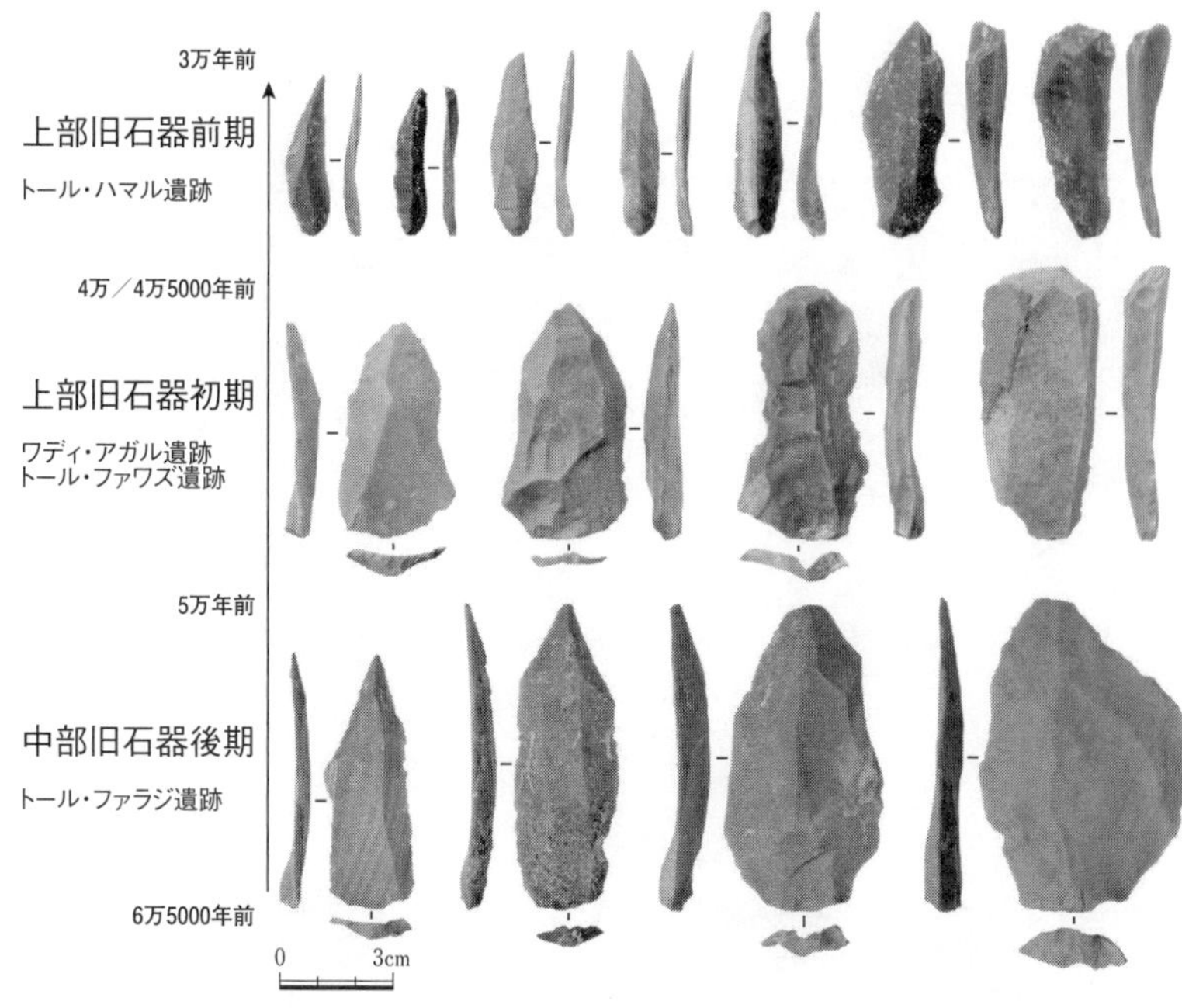

図1-10　南ヨルダンの遺跡調査で収集された石器の一部。中部旧石器から上部旧石器にかけて石刃が増加し、その後石刃が小型化した傾向が明らかになった。

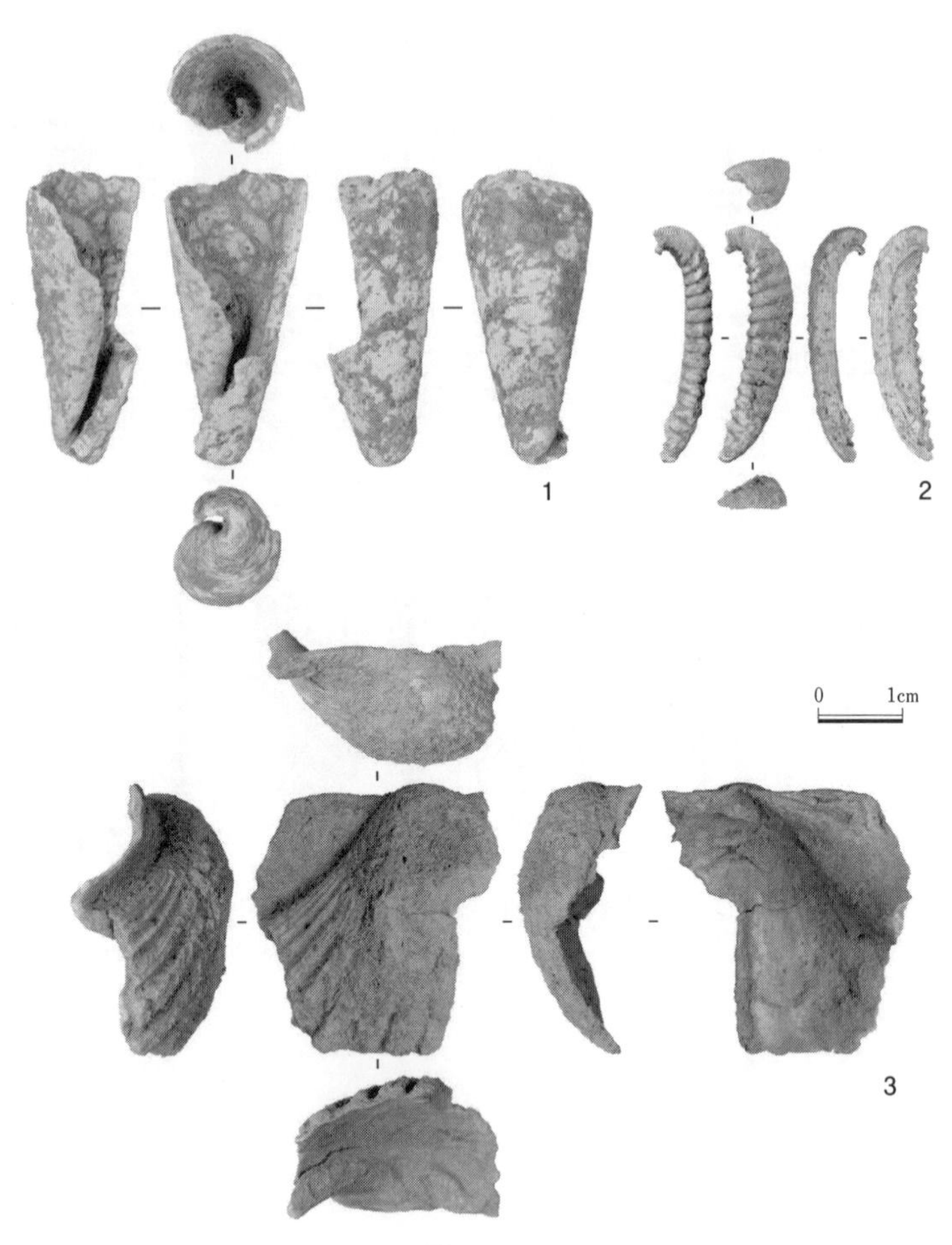

図1-11　南ヨルダンの上部旧石器時代の遺跡（トール・ファワズ）で発見された海産貝殻。
　　　1 イモガイ類あるいはマガキガイ類（紅海産）
　　　2 タカラガイ類（紅海産）　3 ジェームズホタテガイ（地中海産）
遺跡が立地する内陸乾燥地帯とは異なる海岸とのつながりがあったことを示す。

海は一八五キロメートル離れています。その距離を越えて運ばれてきた貝殻ですが、ほとんどは小型で食用ではありません。最初はただの破片で数が少ないのですが、次第に数が増え、ビーズに加工されたものが多くなります。

このような海産貝殻は、遺跡の居住民が海岸まで移動して集めてきたのかもしれませんが、海岸に近い集団を通じて手に入れた可能性も十分考えられます。上部旧石器時代の地中海沿岸域では貝殻ビーズの交換による社会ネットワークが形成されていたという説を紹介しました。レヴァント南部においても貝殻の交換を介した社会交流があったかもしれません。いずれにしても、上部旧石器時代以降の現生人類は、遺跡が立地する周辺だけでなく、海岸という異なる環境とつながりがあったことが示されます。

ヨルダンは死海に近く、その堆積物の研究から明らかになっている古気候変動の記録を参照することができます［図1-2］。遺跡の年代が決まれば、石器作りなどの行動変化と気候変動の対応関係について考察することができます。また、遺跡直近の環境に関するデータを得るために、遺跡堆積物の分析も行っています。この調査の進展や報告については、パレオアジア・プロジェクトのウェブサイトなどで公開しています（http://paleoasia.jp/）。

おわりに

現生人類の起源と拡散について語られるとき、アフリカは起源地で、西アジアはユーラシア拡散の起点といわれます。しかし、アフリカと西アジアにおける現生人類の歴史はそれで終わりではありません。また、同じ文化や社会がずっと続いたわけでもありません。西アジアでは、現生人類の第一次拡散の後にネアンデルタール人が拡散してきたことを述べました。アフリカにおいても、現生人類が出現した後でも古代的な骨格をもつ人類が残っていて、現代アフリカ人のゲノムにはアフリカの古代型人類からの遺伝移入が認められるといわれています（ライク二〇一八）。

また、アフリカと西アジアには、現生人類の行動や文化が変化したプロセスを長期的に調べることができる記録があります。本章でも、西アジアの中部旧石器文化から上部旧石器文化への変化について述べました。中部旧石器時代では、現生人類とネアンデルタール人の行動の違いは微妙でしたが、上部旧石器時代以降、現生人類の行動変化が加速しました。

その要因や、旧人絶滅との関連について具体的な答えを出していくために、アフリカと西アジアはとても重要です。かつては「現代人的行動が現れたのはいつか？」という問いかけがありましたが、何をもって「現代人的行動」と定義されるのかはいまだに不明です。その理由の一つは、人間の行動はとても多様で、変化し続けるからだと思います。むしろ、多様で変化し続けたからこそ、世界各地のさまざまな環境に適応することができたのだと思われます。

それをふまえると、過去の現生人類の行動を考古記録から調べる目標となるべきは、行動が変化したプロセスやメカニズムを解明することではないかと考えます。それが明らかになれば、今も変化し続ける私たち現生人類の行く末を展望する根拠として役立つかもしれません。

参考文献

赤澤威編『ネアンデルタール人の正体――彼らの「悩み」に迫る』朝日選書七六九、二〇〇五年
海部陽介『日本人はどこから来たのか?』文藝春秋、二〇一六年
門脇誠二「初期ホモ・サピエンスの学習行動――アフリカと西アジアの考古記録に基づく考察」西秋良宏(編)『ホモ・サピエンスと旧人2――考古学からみた学習』、三一―一八頁、六一書房、二〇一四年
門脇誠二「揺らぐ初期ホモ・サピエンス像――出アフリカ前後のアフリカと西アジアの考古記録から」『現代思想』四四―一〇号、一一二―一二六頁、二〇一六年
西秋良宏編『ホモ・サピエンスと旧人3――ヒトと文化の交替劇』六一書房、二〇一五年
ライク、D.『交雑する人類――古代DNAが解き明かす新サピエンス史』日向やよい訳、NHK出版、二〇一八年
Kadowaki, S., Tamura, T., Sano, K., Kurozumi, T., Maher, L.A., Wakano, J.Y., Omori, T., Kida, R.,

Hirose, M., Massadeh, S., and Henry, D.O., Lithic technology, chronology, and marine shells from Wadi Aghar, southern Jordan, and Initial Upper Paleolithic behaviors in the southern inland Levant. *Journal of Human Evolution* 135, 102646. 2019.

Kaifu, Y., Izuho, M., Goebel, T., Sato, H., and Ono, A. (eds.), *Emergence and diversity of modern human behavior in Paleolithic Asia.* Texas A&M University Press. 2015.

Stiner, M.C., Finding a common bandwidth: Causes of convergence and diversity in Paleolithic beads. *Biological Theory* 9–1, 51–64. 2014.

Wakano, J.Y., Gilpin, W., Kadowaki, S., Feldman, M.W., and Aoki, K., Ecocultural range-expansion scenarios for the replacement or assimilation of Neanderthals by modern humans. *Theoretical Population Biology* 119, 3–14. 2018.

2章

東アジアへ向かった現生人類、二つの適応

西秋良宏

1　現生人類がアジアで出会ったかもしれない先住人類

ネアンデルタール人

西アジアで見つかっている最古の現生人類化石は、イスラエル、ミスリヤ洞窟出土の約一九万年前―一八万年前のものであることが1章で述べられました。現生人類がアフリカで誕生したのは三〇万年前―二〇万年前のこととされていますから、誕生して間もなくアジアの西端に足を延ばしていたということになります。本章では、彼らのその後の足跡について、遺跡証拠をもとに追っていくことにします。まず、これについて述べる前に、当時のアジアにいた先住人類集団について、おさらいしておきましょう〔図2-1〕。

最もよくわかっているのはネアンデルタール人です。彼らは西アジアだけでなく、中央アジアにも広く分布していました。そのことを最初に知らしめたのは、ウズベキスタン、テシク・タシュ洞窟〔口絵1-2〕で発掘された男児の全身化石でした。一九三八年のことです。長らく、これが最東端のネアンデルタール人化石資料だったわけですが、二〇〇〇年代に入って、中央

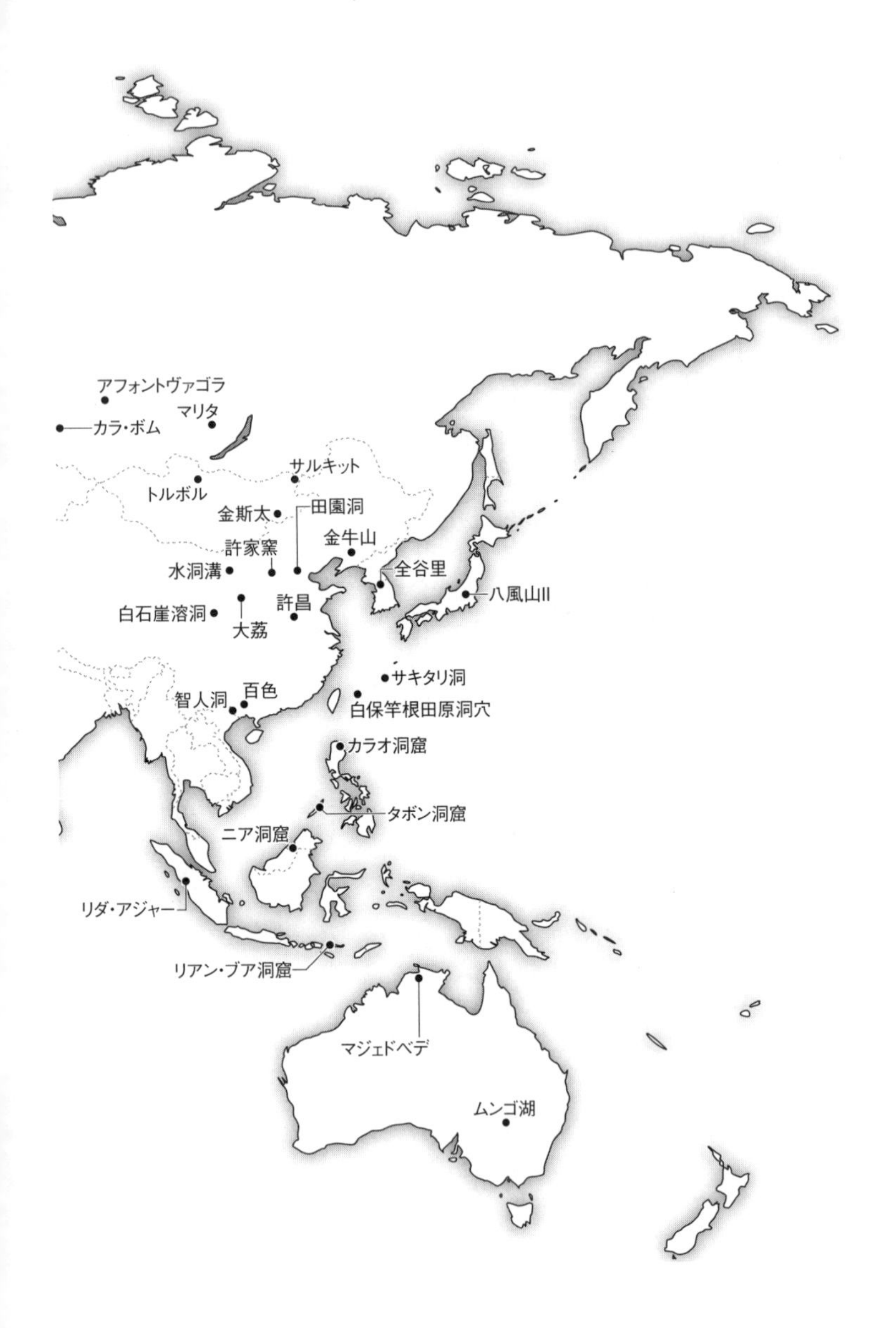
アフォントヴァゴラ
マリタ
カラ・ボム
サルキット
トルボル
金斯太
田園洞
金牛山
許家窯
水洞溝
全谷里
八風山II
許昌
白石崖溶洞
大荔
サキタリ洞
百色
智人洞
白保竿根田原洞穴
カラオ洞窟
タボン洞窟
ニア洞窟
リダ・アジャー
リアン・ブア洞窟
マジェドベデ
ムンゴ湖

図2-1　関連する遺跡分布図

アジア西部のロシア領アルタイ地方でオクラドニコフ洞窟、デニソワ洞窟［図2-2］、チャグルスカヤ洞窟、と立て続けに関係化石の出土が報告され、分布域が三〇〇〇キロ以上も東に延びました。化石は見つかっていませんが、さらに東、中国東北部にも分布していたのではないかと推定されています。ネアンデルタール人が好んだ技術で作られた石器群（ムステリアン）が、内蒙古の金斯太（チンスタイ）遺跡などで見つかっているからです［図2-3］。

これらは北ユーラシアでの発見例です。南はどうかというと調査が不十分なこともあって確実なことはわかっていません。しかし、イラン、ザグロス山脈にあるビシトゥン洞窟でネアンデルタール人の化石が見つかっており、それに伴う石器群と似たムステリアン石器はイラン南部を経てパキスタン、インドあたりまで分布していることがわかっています。ただし、そこから東では、確実な化石証拠も考古学的証拠も得られていません。最近、ムステリアン石器群に特徴的な技術の一つ、ルヴァロワ方式による石器が中国南部では約一七万年前から用いられていたというニュースがありました。しかし、石器の同定に問題があるという反論が直ちに出され、再検討せざるをえなくなっています。現在のところ、みなが認めるネアンデルタール人型の石器群が分布しているのは南アジアあたりまでのようです。

ヨーロッパで進化したネアンデルタール人がアジアに進出した要因の一つは、海洋酸素同位体ステージ（以下、ステージと略）4（約七万年前―五万年前）の寒冷乾燥化であったと考えられています。中部ヨーロッパ以北を氷河で覆い尽くすほどの寒冷期でしたから、生息域が狭ま

図2-2　ロシアのデニソワ洞窟（撮影・西秋良宏）

図2-3　内蒙古自治区の金斯太遺跡（撮影・加藤真二）

ったネアンデルタール人が、より温暖な地域に拡がったという解釈です。実際、西アジア出土のネアンデルタール人化石はすべて、この時期に年代づけられています（1章）。

しかし、先述したアルタイ山地での発見によれば、それ以前にも彼らのアジア拡散があったことがわかってきました。デニソワ洞窟で見つかった化石は、ステージ5の一三万年前—七万年前にもさかのぼるといいます。一方、近隣のチャグルスカヤ洞窟やオクラドニコフ洞窟のネアンデルタール人骨は、ステージ4に収まる年代を示しています。つまり、少なくとも二回のネアンデルタール人拡散があった可能性が示唆されています。

興味深いのは、これら二つのグループで、使われていた石器の特徴が異なることです。どちらもルヴァロワ技術を用いていましたが、チャグルスカヤ洞窟やオクラドニコフ洞窟の集団は、それに加えて表裏非対称な両面加工で作られた削器（さっき）を頻用していました。一方、デニソワ洞窟の集団はまったく使っていません。両面加工削器はヨーロッパでいえば、中部旧石器時代後半の中部・東部ヨーロッパで流行したカイルメッサー石器群に固有なものです［図2-4］。であれば、チャグルスカヤやオクラドニコフ両洞窟の集団は、それらが流行していた東ヨーロッパのネアンデルタール人が中央アジアに進出した可能性が高いと考えられます。一方、デニソワのネアンデルタール人はそうした石器が流行する前のヨーロッパ、あるいは流行していなかった地域、たとえば南東ヨーロッパなどから到来したのだとみられます。

ヨーロッパとシベリアを隔てる地理的障害は、ウラル山脈と、そこから南のカスピ海に注ぐ

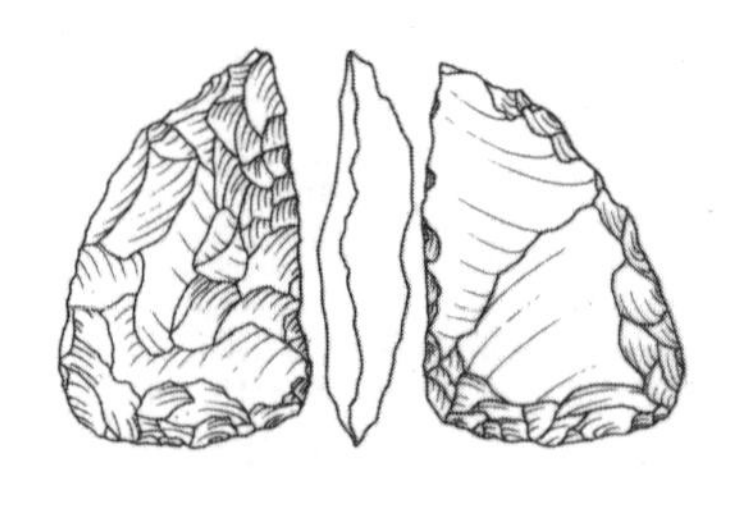

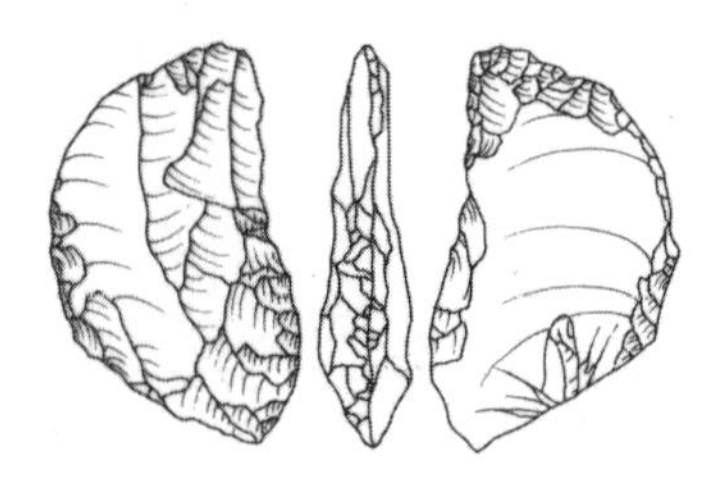

図2-4 両面加工削器
左：ヨーロッパ（Joeris and Uomini 2019をもとに筆者作成）。タテ8.5センチ。
右：オクラドニコフ洞窟（Derevianko et al. 2013をもとに筆者作成）

ウラル川です。特に問題は大河ウラル川だったでしょう。この川が縮小して渡河が可能になったのはカスピ海の水面が下がった気候乾燥期だったと推定されます。最も下がったのはステージ4でしたが、長いステージ5の期間にはいくどかの気候変動があり、中には乾燥期もあったことがわかっています。そうした時期をとらえて、ネアンデルタール人が東に拡がったのだと考えられます。

デニソワ人

旧人といえばネアンデルタール人しか知られていなかった人類学界に新風を吹き込んだのが、二〇一〇年に報告されたデニソワ人です。デニソワ洞窟で見つかった小さな指骨に施されたゲノム分析で、それが新たなヒト集団に属することが明らかにされたものです。東アジアにいた旧人をはじめて具体的に語ることができるようになったのですから、画期的な研究報告でした。また、オセアニアを含む現在の東アジア人が、そのＤＮＡを共有していることが判明し、デニソワ人はかつて東アジアに広く生息しており、ネアンデルタール人や現生人類と交雑していたことが明らかになっています（5章）。

ところが、デニソワ人の場合、見つかっている化石が断片的すぎたため、ネアンデルタール人のように体格や顔形等を調べる術がありませんでした。この点、二〇一九年になって中国領チベット高地（標高三二八〇メートル）から約一六万年前のデニソワ人の下顎骨の出土が報告され、注目を集めています。白石崖溶洞（ベイシーヤー）という洞窟で一九八〇年に見つかっていた資料のタンパク質分析を実施したところ、デニソワ人であったことがわかったというものです。現在、チベット高地に暮らす人びとのゲノムの中に、デニソワ人由来の遺伝子があり、それが高地適応を有利にしているとの研究がすでにありましたから、それとも整合的な発見です。ただ、残念ながら石器が見つかっていませんので、どんな技術をもって彼らが高地に適応したのかはいまだ謎のままです。

姿態や生活の詳細を知るには、さらなる発見、分析を待たないといけませんが、この例のように、これまで位置づけが定まっていなかった化石資料を新たに開発された手法によって同定できるようになったことは、今後の研究に大きな希望の灯をともします。広大な中国各地には十分に同定されていない中部旧石器時代の化石人骨が少なくありません（3章）。それらがどのようなヒトだったのかの研究が進めば、デニソワ人の地理的分布についての理解が進むものと期待されます。

原人たち

以上のような旧人たちだけでなく、現生人類拡散期にあってもホモ・エレクトスら原人が生き残っていた可能性も考えておく必要があります。たとえば、南アジアでは、ネアンデルタール人やデニソワ人の化石資料が見つかっていません。では誰がいたのでしょうか。

一九八〇年代にインド中部のナルマダ渓谷で見つかった頭蓋骨は一〇数万年前ごろのヒトであろうとされていますが、原人、旧人、初期現生人類のいずれに分類すべきか形質人類学者のあいだでも定まっていないようです。原人の代表的石器とされるハンドアックスがインド大陸では一三万年前ごろまで使われていた一方、旧人以降の文化を特徴づけるとされる剥片石器群が出現するのはそのころになってからとされています。であれば、西アジアを出た初期現生人類が東に進んだ場合、原人に出会っていた可能性があります。

実際、ほぼ確実に生存していた原人がいます。それは、ジャワ、フローレス島のリアン・ブア洞窟で発見され話題となったホモ・フローレシエンシスです。一〇〇万年以上も前にアフリカから到来し、島嶼適応により小型化した原人の末裔であるとされています。成人になっても身長が一メートル余りであったといいます。発見当初は、この集団が一万数千年前まで生存し、現生人類と併存していた可能性があるとされていましたが、のちに地層や年代が再検討され、今では五万年前には絶滅した可能性が高いとみられています。フローレス島では、ちょうど同じころ、多くの在来動物が絶滅したことがわかっています。急激な絶滅があった背景としては、現生人類の侵入と、それによる環境の変化があった可能性が考えられるのです。ホモ・フローレシエンシスがいなくなったのも、それと関係する出来事だったかもしれません。

そして、もう一つ、二〇一九年になって大きなニュースがありました。フィリピン、ルソン島のカラオ洞窟で一〇年ほど前に出土していた人骨化石が新種のヒトだと報告されたのです。人骨は六万七〇〇〇年前ごろのものだとされてはいましたが、初期現生人類ではないかとの説があるなど位置づけが定まっていなかったものです。今回、その後の出土人骨も含めて再分析され、おそらく原人の仲間である新種のヒトとして報告されました。島の名前にちなみホモ・ルソネンシスと命名されています。いくつもの海峡で隔てられている東南アジア島嶼部では、これまで大陸部では考えられもしなかった独特なヒトの進化が起こっていた可能性を改めて感じさせてくれる報告でした。加えて、カラオ洞窟の層序によれば、このヒト集団も五万年前ごろに姿を消したようです。であるとすると、ますます、そのころ東南アジアに拡散を果たした現生人類との関わりが知りたくなります。

南アジアや東南アジアにおける人類学、考古学の調査密度は西アジアやヨーロッパ、日本列島に比べれば格段に低いのが現状です。人類化石の形状や年代がしっかり同定されている調査例となると、さらに少なくなります。今後の発見や研究の進展によって、さらにわれわれを驚かせる発見が出てくる可能性は大きいものと思われます。

2　第一次出アフリカ

ヒマラヤ山脈の北への拡散は成功したか

人骨化石、考古学、遺伝学的証拠等を総合すると、六万年前から五万年前以降になって現生人類がアジア各地に本格的拡散を果たしたことはほぼ確実とされています。しかし、彼らは約二〇万年前に、西アジアにまで進出していたのですから、そうした初期集団のその後の足取りもたいへん気になります。ここでは、六万年前より前の拡散を第一次出アフリカ、それ以後の拡散を第二次出アフリカとして野外調査の証拠を見ていくことにします。

第一次出アフリカはヨーロッパ方面にも及んでいたようです。二〇一九年になって、ギリシャのアピディマ洞窟で二一万年前ごろの現生人類化石が見つかったとの報告がありました。それより西に進出していた証拠は現在のところありません。東方のアジアにも向かっていたとすると二つのルートが考えられます。一つは、西アジアから北東に進み中央アジアから東北アジアに至る経路。もう一つは、南アジアを経て東に向かうルートです。アジア中央部には急峻な天山、ヒマラヤ山脈が南北を寸断していますから、その北と南を通るルートが想定されるわけです。

こうした地域で六万年前―五万年前より前の現生人類化石が見つかっていれば、第一次出アフリカの証拠となります。しかしながら、現在のところ確実な人骨発見例はありません。議論の余地があるのは、ウズベキスタンのオビ・ラハマート洞窟の出土人骨です。一九六〇年代の発掘開始以降、年代的位置づけが定まらないまま、石刃石器が多いことから五万年前ごろの中・上部旧石器移行期のヒトではないかと考えられていました。しかし、二〇一八年になって、文化層を覆っていた石灰分（トラバーチン）がウラン・トリウム法によって年代測定され、約一一万年前―一〇万年前と報告されました。石器包含層からは少年の頭骨断片と歯が出土しています。これについては、形態学的にみてネアンデルタール人とする見解と、ネアンデルタール人・現生人類双方の形質が共存するモザイク状のヒト集団とする見方が提出されています。古代ゲノム分析はこれまでのところ成功していないようです。考古学的に興味深いのは、伴っている石器群が、西アジア最古の現生人類遺跡、ミスリヤ洞窟と類似していることです。中央アジアでは、同じウズベキスタンのホジョケント遺跡でも類似した資料が見つかっています。

中部旧石器時代前期に属するこれらの石器群は、一九三〇年代に発掘されたイスラエルのタブン洞窟の層位的証拠にしたがってタブンD型石器群とよばれています［図2-5］。この石器群

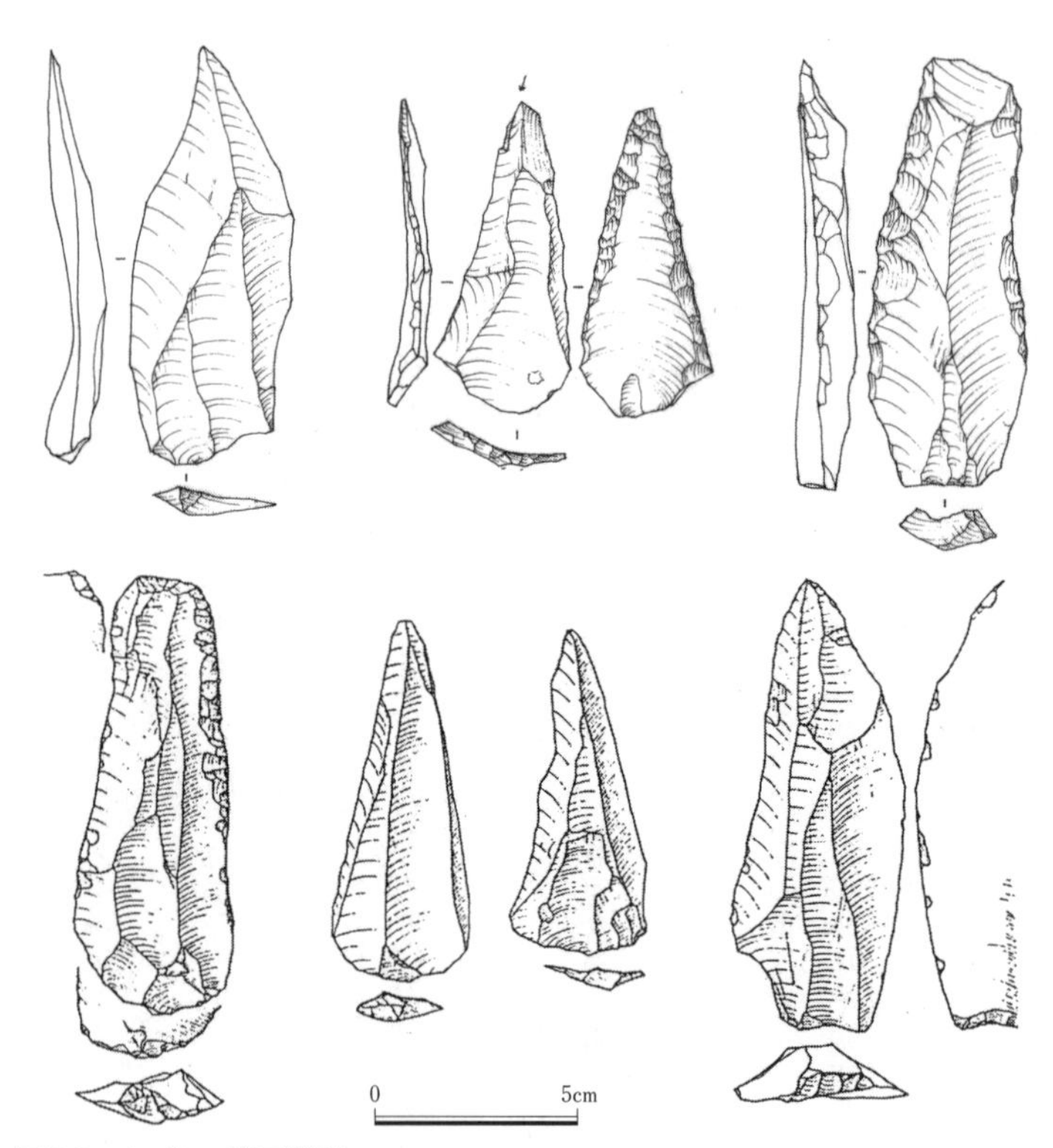

図2-5　タブンD型石器群
　　　　上段：タブン洞窟出土
　　　　下段：ドゥアラ洞窟出土（表紙写真の遺跡）
図中の矢印は、そこに衝撃が加わり剝離が起きていることを示す。おそらく槍先として使われたと考えられる（作成・西秋良宏）。

は西アジアや中央アジアだけでなく、南コーカサス、ジョージアのデジュルジュラ洞窟でも見つかっています。年代は二〇万年以上も前とされています。そこではヒトの歯が一点、伴っており、一九八〇年代の研究ではネアンデルタール人だと推定されました。西アジアのタブンD型石器群は約二五万年前―一〇万年前とされていますから、オビ・ラハマートもデジュルジュラ遺跡も年代はこの範囲に収まっています。両遺跡の人骨化石がいずれもネアンデルタール人のものだとすると、西アジアの初期現生人類とは独立して、彼らが類似したタブンD型技術を発展させたことになります。あるいは、両集団の間で交雑があったのでしょうか。どう解釈するかは、新たな分析を待たねばなりません。筆者は、石器群の類似を根拠に担い手はいずれも初期現生人類だったのではないかと想像しています。これを化石や遺伝学的証拠で裏づけてもらえればと期待していますが、これまで見つかった化石はどれも断片的なためヒトの同定には限界があります。新たな化石資料の出土も待望されるところです。

さて、さらに東はというと、途端に証拠が減ります。第一次出アフリカに関わるような年代が得られている遺跡としてはデニソワ洞窟がありますが、石器と人類化石との対応を層位的に分析した細かい報告がありませんので、実態は判然としません。また、中国北東部では、タブンD型を思わせるような石刃石器群の出土はありません。この石器群が流行した後、西アジアで一般的になったタブンC型石器群、つまりルヴァロワ技術で幅広剝片を多産する石器群（1章）も見つかっていません。こうしたことから考えると、第一次出アフリカを担った初期現生人類の北回り拡散があったとしても、東アジアにまでは及ばなかったように思われます。

ヒマラヤ山脈の南への拡散は成功したか

一方、南アジアへの進出が六万年前―五万年前より早くに起きていたという説は二〇〇〇年代から唱えられていました。そのような主張の根拠は、主に二つ、あります。第一は、アフリカの初期現生人類の石器と類似した資料がアラビア半島や南アジアで報告されていること。第二は、拡散の到達点ともいえる東南アジアやオーストラリアで五万年より前の遺跡が報告されていることです。

第一の論点の突破口を開いたのは、アラビア半島東南部、オマーンのジェベル・ファヤ遺跡の調査報告です。この遺跡にはA、B、Cの三つの人類居住層がありますが、注目すべきは一二万年前―一〇万年前とされる最下部のC層です。東アフリカにいた初期現生人類が好んで製作していた両面加工石器が出土したからです。また、東アフリカの北、ナイル川流域で流行していたヌビア型といわれる石器製作技術が、アラビア半島南部に分布していることも近年、つぎつぎと報告されています（1章）。北アフリカからアラビア半島が湿潤だったステージ5にもいくどか訪れた乾燥期に、紅海の水位が下がった際、アフリカ大陸から渡海した集団が残した石器群だと推定されています。

アラビア半島とアジア大陸を隔てるペルシャ湾の最深部は一〇〇メートルを超えますが、平均水深は四〇～五〇メートルと浅いですから、こちらも時期によっては大半が陸地となっていた可能性があります。イラン南部やパキスタンあたりまでは初期現生人類は進出していたかもしれません。これまでに指摘されてきた考古学的な根拠は三つあります。一つは、ジェベル・ファヤ遺跡の初期現生人類を特徴づけていた両面加工石器と類似した石器が見つかっていることです。イラン南部ではカレ・ボージ遺跡、パキスタンでもインダス渓谷あたりの周辺沙漠で似た石器が採集されています。両面加工石器といえば、原人が主たる担い手であった下部旧石器時代のハンドアックスがよく知られていますが、これらの石器は細長いものを含むなど、在地のハンドアックスとは異なった形態を示しています。第二は、パキスタンのタール渓谷にはアラビア半島の初期現生人類が用いていたヌビア型石核剥離技術で製作された石器が分布しているという主張があることです。そして、三つめは、インド中部のジュワラプラム遺跡群で東アフリカや西アジアのタブンC型（1章）に類似したルヴァロワ技術の存在が認められるから、初期現生人類の拡散を示すという主張です。

これらはたいへん重要な指摘なのですが、じつは、どれも確実なものとはいえないと考えています。インド南部やパキスタンの両面加工石器群あるいはヌビア型石器は、どれも遺跡表面で採集されたもので年代が決まっていません。一方、インドのジュワラプラム遺跡群の場合は、約七万四〇〇〇年前に噴火したトバ火山の火山灰が人類居住層の合間に堆積していますので、その下から出土した石器が現生人類の石器であれば、確実に第一次出アフリカの証拠となります。ところが、この遺跡では、先の二つの遺跡で述べたような両面加工石器やヌビア型石器は出土していないのです。見つかった石核の三次元形態解析によってアフリカの石器群と類似しているると主張されているものの、アラビア半島など中間地帯の資料が増加した段階で再検討する余地があると考えます。

南回りルートについては、もう一つ論点があります。さらに東の、東南アジアやオーストラリアなどで古い現生人類痕跡が見つかっていれば、第一次出アフリカの及んだ範囲が裏づけられるだろうというものです。フィリピン、カラオ洞窟の六万数千年前の人骨などは、その痕跡ではないかともされていたのですが、近年、現生人類のものとはいえないという見解が出されたことを先に述べました。日本でも話題になったオーストラリアのマジェドベデ遺跡の解釈もそうです。六万五〇〇〇年ほど前の地層から、局部磨製石斧を伴う人類の居住痕跡が見つかったという遺跡です。局部磨製石斧はオーストラリアあるいは日本列島の上部旧石器時代（後期旧石器時代）以降の遺跡でも見つかるものですので、現生人類の作品ではないかと推定されます。オーストラリアは東南アジアと陸続きになったことはありませんから、磨製石器製作技術だけでなく相当程度の航海技術を初期現生人類が持っていたことになります（5章）。しかし、発掘された地層や年代に疑問の声が出されており、みなが認めるには至っていません。

では、第一次出アフリカの証拠が東アジアにまったくないのかといえばそうではありません。詳しくは3章、R・デネル氏の論考に委ねますが、インドネシアのリダ・アジャー洞窟で見つ

図2-6 フィリピンのタボン洞窟（撮影・山岡拓也）

かったヒトの歯は現生人類のものとされていて、約七万年前といわれています。ラオスのタンパ・リン遺跡の例も四万数千年前にさかのぼるとされています。さらには、フィリピンのニア洞窟、タボン洞窟〔図2-6〕の現生人類居住層も四万数千年前とされていることからすると、さらに前から現生人類が拡散していたのではないかと推測することも無理ではありません。

ただ、ほかにも多くの主張があって議論が続いていますから、第一次出アフリカの顚末については、まだ確実なことが述べられないというのが現状のようです。初期現生人類が東アジアのいつごろ、どのあたりまで進出していたかを細かく語るにはさらなる証拠が必要だということです。

3 第二次出アフリカ

北回りの再挑戦

六万年前ないし五万年前以降の現生人類拡散については一気に証拠が増えます。北回りから見ていきましょう。人骨化石で最も古いのは、西シベリア、ウスチ・イシムの資料です。現生人類の大腿骨の化石が見つかっていて、放射性炭素年代測定法による骨の直接測定によって約四万五〇〇〇年前と年代づけられています。他に確実な現生人類化石発見例はありませんので、これ以外の地域への現生人類の進出を追うには、考古学的証拠が手がかりになります。

　この時期、つまり上部旧石器時代初頭の現生人類技術を特徴づけているのは、中部旧石器時代ルヴァロワ方式の伝統を残しながら石刃を生産する石核剝離技術です。そうした技術で作られた石器群がアルタイ山地のカラ・ボム遺跡で見つかっています。年代は四万七〇〇〇年前―四万五〇〇〇年前ごろとされています。一九八〇年代から知られていた遺跡で、ルヴァロワ技術が見られることから中部から上部旧石器時代への文化的移行が在地に起こったのではないかとの見方が出されていましたが、現在では、そのような石器群をもった集団が西方から拡がってきたとする説のほうが一般的です。類似した石器群は、モンゴルのトルボル遺跡群でも見つかっています。ここでも、四万五〇〇〇年前ごろの年代が得られています。このタイプの石器群がどこまで東に拡がっていたかを見ると、確実なのは中国西部、水洞溝遺跡です［口絵2-2］。北京原人の研究でも知られるP・シャルダンが一九二〇年代にはじめて調査した遺跡で、当時から西ユーラシアと類似した石器が出土することで注目されていました。近年、再調査も重ねられており、年代は四万年以上も前にさかのぼることがわかってきています。この石器群はレヴァント地方で五万年前―四万七〇〇〇年前に生まれたとされていますから、中国西部まで数千年間で拡がったことになります。

ただし、レヴァント地方とアルタイ山地の間にあるイラン北部や中央アジア西部では、まだ発見例がありません。東ヨーロッパ、チェコのブルノ・ボフニス遺跡などでは見つかっているのですから、ひょっとして、ネアンデルタール人も通ったような北方ステップを東西につなぐ往来があったのでしょうか。中央アジア西部では、近年、奈良国立文化財研究所の国武貞克らが精力的な調査を続けており、関連遺跡を見つけていますから、いずれ、この問題にも新たな光が当てられるものと思います［口絵2-1］。

南回りの再挑戦

イラン北部で上部旧石器時代初頭石器群は見つかっていないと記しましたが、状況はイラン南部でも同じです。この地域で見つかっている最古の上部旧石器は、現在のところ、小石刃を多産する石器群で、四万年前ごろのものです。その担い手が現生人類であったことはエシュカフティ・ガービ遺跡出土の人骨化石で明らかです。一方、拡散の終着点ともいえる東南アジアやオセアニアでも同じころ、あるいは多少それをさかのぼる現生人類遺跡が見つかっています。先に、第一次出アフリカの項でも述べましたように、このころになると関連する発見例が一気に増えます。マレーシアのニア洞窟やオーストラリアのムンゴ湖遺跡では四万年前をさかのぼる年代が得られています。ムンゴ湖遺跡では、赤色顔料が振りかけられた埋葬遺構も検出されています。さらに、中国南部でも当時の東南アジア集団と同系統とされる人骨が田園洞遺跡で報告されています。年代は約四万年前です。

これらの年代は現生人類がこのころ、確実に東アジア方面まで到達していたことを示しています。彼らがどのようにやってきたのか南アジアの状況を探るうえで興味深いのは、インド半島のパトネ地方の遺跡群で報告されている半月形の幾何学石器群です［図2-7］。東アフリカのタンザニア、ムンバ岩陰遺跡や、南アフリカのクラシーズ河口遺跡群など六万数千年前―五万年前に類例が見られることから、それらを用いていた集団の直接的な拡散を示唆する研究者もいます。また、ダチョウの卵の殻で作ったビーズや線刻製品［図2-8］なども、インドおよびアフリカの諸遺跡で見つかっています。

ただし、南アジアとアフリカとの関係を唱える説の問題は、またしても、中間地帯のアラビア半島南部で類例が見つかっていないことです。先にオマーンのジェベル・ファヤ遺跡で一二万年前にもさかのぼる現生人類石器が見つかっていることを述べましたが、この遺跡の最上部のA層では四万年前ごろの居住層が見つかっています。しかし、その出土物は、幾何学石器とは似ても似つかぬ剥片主体の石器群なのです。発掘者たちは、アラビア南部に渡った初期現生人類が沙漠環境の中で孤立した結果、生み出した地方文化だと解釈しています。アフリカとインドの幾何学石器が偶然の一致ではないとする研究者は、現生人類は海岸沿いを移動したため関連遺跡は海水面上昇によって水没している可能性があるともいいます。この議論が決着する

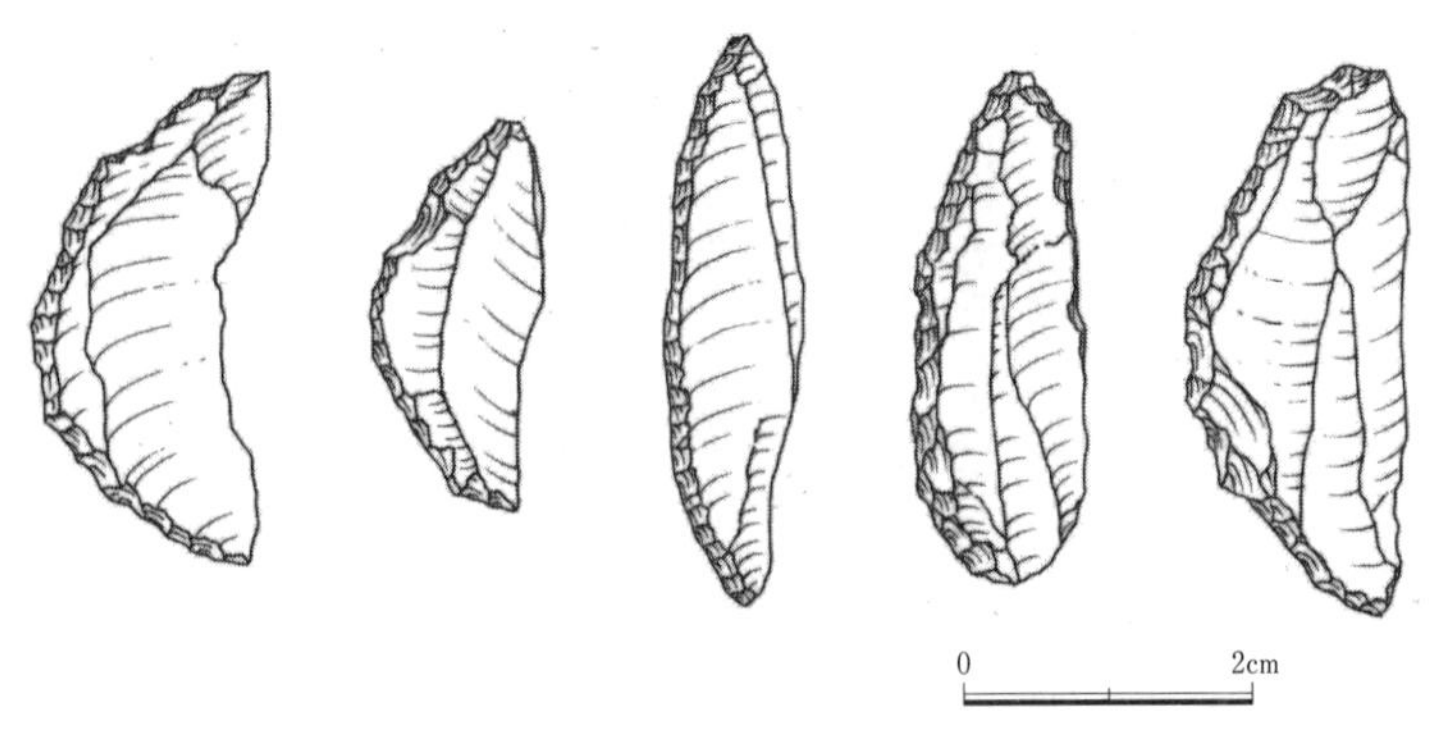

図2-7　南アジア上部旧石器時代の幾何学形石器、インド、パトネ地方（Mellars 2006をもとに筆者作成）

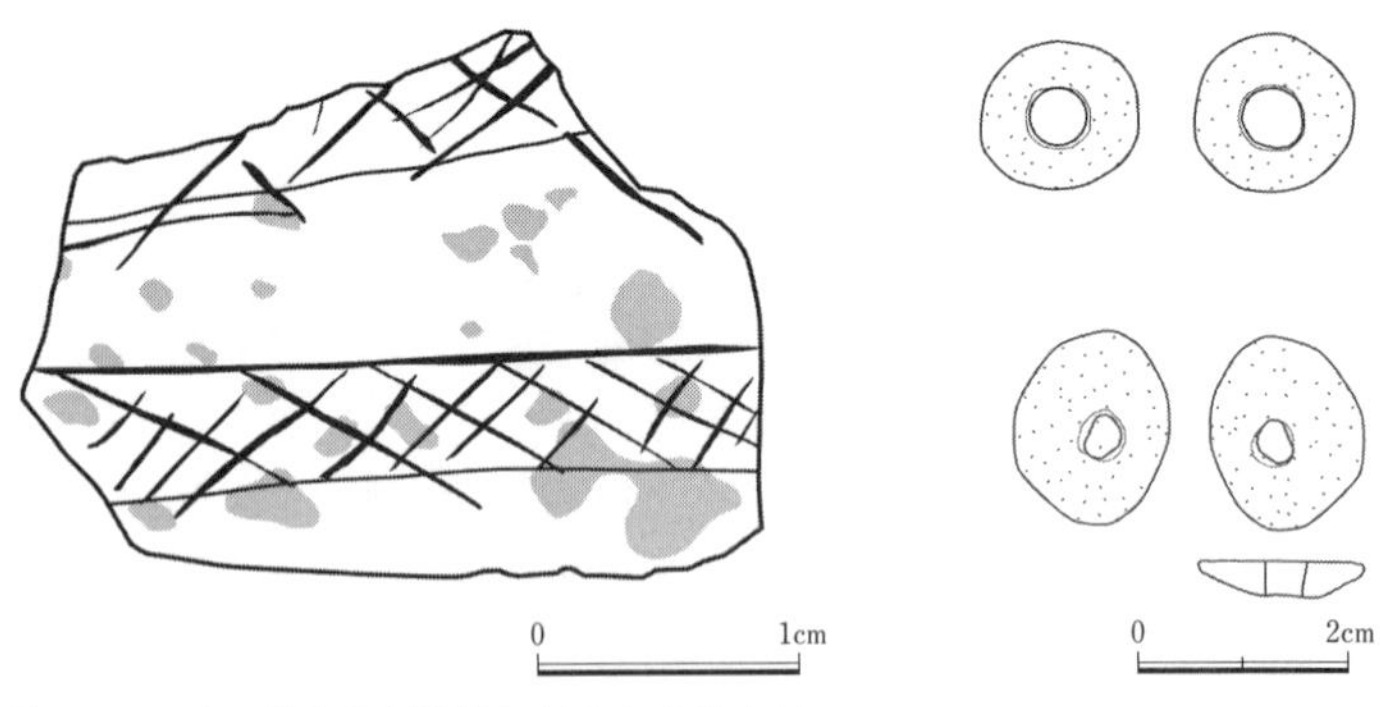

図2-8　アジア現生人類遺跡に見られる装身具
左、右下：Mellars 2006をもとに筆者作成
右上：Wei et al. 2017をもとに筆者作成

にはさらなる現地調査の進展を待たねばなりませんが、現在のところ、他人のそら似（収束進化）とみる研究者が多いようです。

4　現生人類たちの技術

拡散期の現生人類たちの行動

さて、考古学や人骨化石の証拠によれば、アフリカからアジアへの拡散は約二〇万年前からしばしばあったが、最も成功したのは六万年前―五万年前以降の拡散だというのが公約数的な見方になるでしょう。ゲノム分析が示唆するところとも整合的です（5章）。では、なぜ、このとき、拡散が成功したのかが問題です。根強く残っている学説の一つは、現生人類の認知能力がそのころ、突然変異によって飛躍的な進化を遂げ、象徴能力や短期記憶、さらには、学習能力などが格段に高度なものになったという見方です。

この推測は、もっぱら、現生人類と先住集団が残した考古学的記録を比較して構築されたものです。現生人類遺跡で見つかる遺物・遺構から旧人あるいは原人遺跡でも見られるものを引き算してみると、残るもので目立つのは社会活動に関する遺物や遺構です。西アジアでそうだということが1章で述べられていますが、同じことは、北回り、南回りを問わず他のアジア諸地域でもいえます。たとえば、集団内あるいは集団間の絆を示すような装身具や、洞窟壁画、遠隔地産材料を用いた道具などが、中央アジアや東アジアの現生人類遺跡からも頻繁に見つかります［図2-8］。ネアンデルタール人も猛禽類の爪や羽根などを用いた装身具を使っていたこと、あるいはデニソワ人が歯牙や石を加工して作ったビーズ類を用いていたという報告はありますが、そうした例はきわめて限定的です。ですので、そうした道具を使いこなすのに必要な認知能力が現生人類と旧人以前の人類とでは違っていたのではないかとの意見があるのです。

ここで、注意すべきは、遺物や遺構の証拠というのは過去のヒトの「行動」に関する証拠だということです。ヒトの行動が、生まれつきの認知能力だけでなくさまざまな条件、たとえば生まれ育った社会の歴史や文化、選好、自然環境などによっても変異することは経験的に誰もが感じるところでしょう。認知能力に飛躍的な進化があったのかどうかは、生物学の問題ですから、考古学の証拠のみで検証するには慎重であらねばなりません。当面は、どのような行動が現生人類のアジア拡散を可能にしたのか、具体的に探っていくのがよいと考えています。これまでの研究は、ヨーロッパの証拠を中心にそれが議論されてきました。研究者が多いこと、また、そこにネアンデルタール人が生息していたことなどが大きな理由です。アジアでは先に整理しましたように、デニソワ人はもちろん複数の原人たちも同時代に生息していました。アジアでの研究は、ヨーロッパ中心に提出されてきた見方を検証したり膨らませたりなど、新たな光を照射するに違いありません。

現生人類の拡散を北回りと南回りに分けて説明した際、読者は考古学的記録に明瞭なパターンがあることに気づかれたと思います。北側では、西アジア、特にレヴァント地方の現生人類たちが用いた上部旧石器時代初頭の石器製作技術が中国北部にまで及んでいた一方、南側では、そのように明瞭な広域的類似が考古学的記録に見られないという対照です。出発点が同じだったはずなのに、なぜ、そのようなパターンが生じたのでしょうか。研究の進展度の違いも考慮する必要がありますので、ただし書きつきですが、北と南の生態環境の違いを反映していると考えられます。つまり、生物としてのヒトが異なった自然環境に適応した結果を示しているのだと思います。

気候が違えば植生が変わります。植生が変われば、それが提供する資源を利用する動物の種類が変わります。植物も動物も利用するヒトの生存戦略も違ったものになったことでしょう。現生の動植物分布によれば、北と南の生態環境は大きく違うことがわかっています。生物地理学的には、北は旧北区（Palearctic）、南は東洋区（Oriental）に属します（3、7章）。どちらも温帯が中心ですが、旧北区は寒帯、亜寒帯、東洋区は熱帯、亜熱帯にも拡がっています。西アジアはどうかといえば、レヴァント地方以北は旧北区、アラビア半島以南は北アフリカと同じくエチオピア区に分類されています。西アジアを基点にした北と南、異なる環境への現生人類たちの適応の特徴について以下、述べていきます。

北方ステップへの適応

旧北区の現生人類遺跡の分布を見ると、密集域は天山・ヒマラヤ山脈とその北縁のステップ、山麓地帯にあることがわかります。現在でも主要な幹線道路が走っている地域です。今さらいうまでもなく、古代史で著名なシルクロードとほぼ重なります。旧石器時代においても通りやすいルートだったのでしょう。高山帯とステップ地帯との接点という地形上のアドバンテージだけでなく、地球規模の環境でいえば東西方向への移動だというアドバンテージがあったはずです。かつて、J・ダイアモンドは、旧大陸だけでなく新大陸も含めて、さまざまな地域の歴史時代集団の移動を分析し、東西方向の移動がいかに南北方向のそれよりも容易だったかを議論しました。類似した自然環境は緯度に沿って拡がっていることが多いからです。北回りのルートはそれに近いように思われます。

北回り集団が用いた特徴的技術が石刃製作だったわけですが、なぜ、その技術が有効だったかといえば、一つの理由は携帯性だと思います。細長く規格的な形をもつ石刃の方が、ごろごろした剝片よりも携帯に便利なことは想像に難くないでしょう。北方は資源密度が低いですから単位集団あたりの開発テリトリーは広かったはずです。より開けた環境で長距離の移動を余儀なくされる条件のもとでは、携帯性に優れた道具利用が有利だったと考えられます。もう一つの可能性は原石を有効に活用できるという経済性です。石刃と剝片の単位重量あたりの刃わたりを比べれば、石刃のほうが長いというのが定説です。それを作る技術の習得に要するコストや、さまざまな条件を勘案すればさほど経済的ではなかったという意見もありますが（1章）、総体的な見方としては当たっていると思います。冬季に雪や氷によって石材調達が限定される北方地帯で石刃技術が重宝されたことはありえると考えます。

石刃は道具の素材ですから、その後、どのように加工され、どんな道具が作られたかを知るには別の研究が必要です。いくつかの研究例が示しているのは、少なくとも一部が狩猟具に用いられた可能性です。加工した石器を柄の先につけた石槍は旧人たちも利用していましたが、手で突くか投げるかしていたと考えられています。しかし、現生人類は早くから器具を使って石槍を投げる技術を開発していた可能性が指摘されています。東アフリカ、エチオピアのアドゥマ遺跡出土石器を用いた研究にもとづいて、一〇万年前—八万年前から投槍器を利用した狩猟が実施されていたことが主張されています。投槍器というのは、棒の先にフックをつけて、そこに槍の基端部を引っかけて投げる、いわば人間の腕の長さを伸ばす道具です。オーストラリアのアボリジニの人たちは、この技術を使って槍を一〇〇メートル以上も投げるといいます［図2-9］。単なる投げ槍とは別次元の技術革新といえます。

さらに、最近、東北大学の佐野勝宏らのチームが、イタリアのカヴァロ洞窟出土石器の実験

図2-9 投槍器の使用法　オーストラリア・アボリジニ（Jelinek 1989をもとに筆者作成）

使用痕分析によって、上部旧石器時代初頭の現生人類たちも四万五〇〇〇年前ごろには、すでに投槍器、あるいは弓を使った狩猟を行っていた可能性を指摘しています。投槍器のフックそのものは、約三万年前以降、ヨーロッパの諸遺跡で出土している骨角製品が最古の事例です。それ以前のフックが見つからないのは腐食してしまう木材で作られていたためかもしれません。アジアの北方ステップに拡がった現生人類も、同じような上部旧石器時代初頭石器群伝統を共有していたのですから、石刃をそうした槍に利用していたとしても不思議ではありません。

モンスーンアジアへの適応

ネアンデルタール人の分布、第一次出アフリカの痕跡、そして第二次出アフリカの足跡を示すと期待される石刃石器群。それらすべてが、インド大陸あたりで東への分布が追えなくなってしまいます。理由は生態環境の違いに伴う適応技術の変更によるのだと思います。北回りルートと同じく東西方向への移動だったとはいえ、東洋区への進出はまったく別の気候地帯、すなわちモンスーン地域への適応を必要としました。西アジアが地中海方面からくる湿気にもとづく冬雨地域であるのに対し、南アジア以東は日本列島と同じく大洋性の夏雨地帯です。高温多湿な夏。森林も発達しています。ガゼルやロバなど草原性の動物狩猟から、スイギュウやサル、昆虫など大小多様な森林性動物の狩猟へと舵を切る必要が生じます。同時に、この地域の進出には森林だけではなく、海洋、島嶼環境への適応も求められました。西アジアのレヴァント地方は同じく海に面しているといっても海岸は急峻ですから海水面変化についてさほどの影響はありません。一方、東南アジアやオセアニアでは遠浅の海が少なくありません。

この地域への現生人類の足取りを追ううえで、難しいのは特定の考古学的シグナルが見えにくいことです。北回りなら石刃石器群がありました。南回りは技術の多様性がキーワードになります。南アジアで半月形の石器が特徴的なことを先に述べましたが、これは例外的で、マダガスカルを含めて東南アジア以東に行くと目立つのは特徴をとらえにくい剝片製の不定形石器です。さらに、中国南部では鋸歯縁をつけた不定形石器が目立つとされますが、それは中部旧石器時代の石器群と明瞭な違いを示すものではありませんので、現生人類到来の指標とはしにくい代物です。

モンスーンアジアで現生人類がどんな適応をしたかは、石器の技術だけで議論できるものではありません。民族誌をもとによく指摘されるのが有機質の材料、なかんずく、竹を石器の代替品にしていた可能性です。竹はアフリカ中部の熱帯雨林にも分布していますが、今日、その利用が高度に発達しているのはモンスーンアジアです。日本でも竹槍や竹刀、ナイフなど、西ユーラシア先史時代なら石器で作られていてもおかしくない利器の多くがしばしば竹で作られています［図2-10］。利器だけでなくカゴや漁労のワナ、建築材などにも目を向ければ、少なくとも現代の東アジアにおける竹の幅広い利用は明瞭です。石器に適した原石を探すよりもはるかに簡単に手に入ること、しかも、石刃よりも簡単に細長い素材を作りやすいことなどを考えれば、この傾向を旧石器時代にも投影したくなります。ただし、竹が利用できたから現生人類はアジアで成功したのかといえば、議論の飛躍になることに注意すべきです。竹は旧人や原人の時代にも利用できたはずだからです。竹を用いて現生人類がどのように画期的、効率的な技術を開発していたのか、その証拠が旧人・新人遺跡で見つかった石器の使用痕を比較、分析することによって示せればよいのですが、そのような研究は発表されていません。

さらに広く見渡せば、さまざまな島へ渡海する技術（4章）、貝製釣り針を活用した釣魚技術などが開発されたことも注目されます。日本列島やオーストラリアで特に発展した旧石器時代の石斧がフネやイカダを製作するための道具ではなかったかという説もあります。いずれにせよ、旧北区において広域に見られる斉一的な技術展開とは大きな違いです。地域によってきわめて多様な適応がなされたのが東洋区、すなわちモンスーンアジアの特徴だといえるでしょう。

図2-10　パプア・ニューギニアの竹製の狩猟具（東京大学総合研究博物館蔵、撮影・三國博子）

5　生態環境と社会

環境の違いが文化の多様性を生んだか

北方ステップとモンスーンアジアのあいだに現生人類に迫られた適応技術がずいぶん違った可能性について前項で述べました。旧石器時代を専門とする考古学者にとって、ユーラシア大陸に見られるこのように広域的な石器技術の地理的差異があったかといえば原人時代の代表的石器、ハンドアックスの偏在的分布が思い浮かびます。ハンドアックスは考古学の教科書に必ず出てくる全長一〇〜二〇センチ程度の石器のことで、両面加工で作られています。アフリカやヨーロッパの下部旧石器時代の指標とされる石器です。ところが、東南アジア以東ではめったに見つからない。一方、北のほうでも中央アジア以東になると数が激減する。最初にこのことを指摘したのが、H・モビウスJr.という米国の研究者です。この東西の境界は彼の名にちなんでモビウス・ラインともよばれます。東西で違うのはハンドアックスの有無だけではありません。東側では約二六〇万年前以前から作られ始めた人類最古の石器インダストリー、すなわち礫石器、剥片石器が、その後も長く維持されました。一方、西側ではハンドアックスが使われなくなった中部旧石器時代以降はルヴァロワ技術、上部旧石器時代には石刃製作技術等々、各種の新技術が採用されました。石器文化の時代的変遷があまりにも違うことも加味してモビウスは、これら先史文化の東西差はヒトの種類が違っていたせいではないかと述べました。つまり、洋の東西の異なる自然環境に適応して、異なる人類進化があったのではないかというのです。

現在では、モビウスが引いたラインを超えて東側でもハンドアックスが見つかることが判明しています。たとえば、中国の百色(ボーセー)遺跡や韓国の全谷里(チョンゴンリー)遺跡などは著名です。生物学的にもどちら側でも北京原人などホモ・エレクトス化石が見つかっていますので、ヒトの種が違うという議論はいかがかと考えられています。さらには、石器だけでヒトの種や行動特性を識別しようというのは、そもそも無謀だという考えも定着しつつあります。

では、生物学的な行動の違いでないとすると、なぜ、そうした文化の地域性が生じたのかを論じる必要があります。これまで、生態環境の違いと結びつけた説明が重ねられてきました。その一つが東では竹が利器として利用できたから精巧な石器が発達しなかったという、先述した竹仮説なのですが、そのように資源の特性の一部のみを取り上げるのではなく、より包括的な説明を試みようとした研究者もいます。たとえば、S・マイズンは、開けたステップ地帯と植生豊かな森林地帯では社会のあり方、ひいては文化の創造、伝達プロセスが違ったことが予想されるといいます。西方のステップ地帯では資源がオアシスなど特定の地域に偏在する傾向があるため、そうした地域に集中的な居住があったであろう、同時に、ライオンなど捕食者に出会うリスクも高いため、比較的大きな集団で生活することが有利だったと考えられる。一方、東南アジアなどの温暖森林では、どこへ行っても一定の資源が得られるうえ、捕食者のリスクも小さいため、集団が分散し少人数での生活が可能だっただろうと予想しています［図2-11］。

これをもとに、マイズンは、集団サイズ（人口）の大きかった西側社会ではまわりの人から学ぶ社会学習が有効に機能するため複雑な技術も継承されやすく、そのことで確固とした石器製作技術伝統が発展するのではないか。一方、単位社会あたりの人口が少ない東側では複雑な技術が継承されにくく、伝統を維持するというよりは個体学習によってローカルな文化を生み出す可能性が高まると予測しています。人口のサイズが文化の複雑さや継承の強弱を決めるという論点は批判のしどころであろうと思いますが、自然環境の違いが、それに依拠していた先史社会のあり方に大きな影響を与えた可能性の指摘については大いに首肯するところです。

これは、原人時代のモビウス・ラインの東西の文化的違いを解釈するために出されたアイデアですが、われわれが議論している北回りと南回りの現生人類文化のありようを理解するうえでもたいへん示唆深いように思われます。特に西アジアから南アジア以東のモンスーン地帯に入るや、故地の技術伝統が見えにくくなってしまうこと、その後、各地で多様な文化が形成されていくことの背景を説明する一助になるのではないでしょうか。

図2-11　現在のマレーシアの森林に暮らす人びとの家屋（撮影・池谷和信）

ただし、この対比は、現生人類が、アジアの独特な環境においても、旧人・原人を絶滅させ取って代わることができた背景とはいえません。モンスーンアジアにおいて、生態環境が集団を分断する圧力となったのであるとすれば、それは、現生人類にも旧人以前の人類にも等しく働いていたはずだからです。

現生人類がステップであれ、森林であれ、どちらの環境をも乗り越えることができた能力の秘密についてはなお研究の進展が求められます。先に、社会活動に関わる技術の発達だったのではないかとの見方を述べていますが（1章）、それは一つの候補です。北と南という二つの大きく異なる環境帯を擁するアジアは、環境を超えた現生人類の適応の独自性を比較考察するうえできわめて魅力的なフィールドであるに違いありません。

参考文献

J・ダイアモンド『銃・病原菌・鉄――一万三〇〇〇年にわたる人類史の謎　上・下』、倉骨彰訳、草思社、二〇〇〇年

Armitage, S.J. et al., The southern route 'Out of Africa': Evidence for an early expansion of modern humans into Arabia. *Science* 331: 453–456. 2011.

Asmerom, Y., Hominin expansion into Central Asia during the last interglacial. *Earth and Planetary Science Letters* 494: 148–152. 2018.

Chen, F. et al., A late Middle Pleistocene Denisovan mandible from the Tibetan Plateau. *Nature* 569: 409–412. 2019.

Clarkson, C. et al., Human occupation of northern Australia by 65,000 years ago. *Nature* 547: 306–310. 2017.

Derevianko, A. et. al., The Sibiryachikha facies of the Middle Paleolithic of the Altai. *Archaeology, Ethnology and Anthropology of Eurasia* 41(1): 89–103. 2013.

Détroit, F. et al., A new species of Homo from the Late Pleistocene of the Philippines. *Nature* 568: 181–

186. 2019.

Jöeris, O. and Uomini, N., Evidence for Neanderthal hand preferences from the late Middle Palaeolithic site of Buhlen, Germany. In: *Learning among Neanderthals and Paleolithic Modern Humans,* edited by Y. Nishiaki and O. Jöris, pp.77–94. Singapore: Springer Nature. 2019.

Harvati, K. et al., "Apidima Cave fossils provide earliest evidence of Homo sapiens in Eurasia," *Nature* 571: 500–504. 2019.

Jelinek, J., *Primitive Hunters.* Prague: Artia. 1989.

Li, F. et al., The easternmost Middle Paleolithic (Mousterian) from Jinsitai Cave, North China. *Journal of Human Evolution* 114 76–84. 2018.

Mellars, P., Going east: new genetic and archaeological perspectives on the modern human colonization of Eurasia. *Science* 313: 796–800. 2006.

Movius, H.L., The Lower Palaeolithic Cultures of Southern and Eastern Asia. *Transactions of the American Philosophical Society* 38(4): 329–420. 1948.

Mithen, S., Social learning and cultural tradition. In: *The Archaeology of Human Ancestry,* edited by J. Steele and S. Shennan, pp. 187–206. London and New York: Routledge. 1996.

Sahle, Y. and Brooks, A. S., Assessment of complex projectiles in the early Late Pleistocene at Aduma, Ethiopia. *PLoS ONE* 14(5): e0216716, 2019.

Sano, K. et al., The earliest evidence for mechanically delivered projectile weapons in Europe. *Nature Ecology & Evolution* 3(10): 1409–1414, 2019.

Wei, Yi, et al., A technological and morphological study of Late Paleolithic ostrich eggshell beads from Shuidonggou, North China. *Journal of Archaeological Science* 85: 83–104. 2017.

3章

現生人類はいつ東アジアへやってきたのか

——中国での新発見を中心に

R・デネル／訳・西秋良宏

はじめに

本章では、中国を中心とした東アジアにおけるホモ・サピエンス（現生人類）の起源、つまり、彼らはいつ東アジアにやってきたのかについて述べていきます。これはとても複雑なテーマで、今なお、多くの研究者たちの熱い議論が続いています。

主な見方は、大きく二つに分けることができます。一つはホモ・サピエンスの拡散が一回だけという考えで、彼らは六万年前ごろに拡散を開始し、アフリカからアジアへ、そして、オーストラリアやアメリカ大陸まで一気に拡散したという見方です。そして、もう一つは、主要な拡散が二回あったという考えです。これによれば、最初の拡散は一〇万年前ごろ、二回目は六万年前ごろであったとされます。

しかし、ここで、筆者が述べるシナリオは、ホモ・サピエンスの拡散の物語はもっと複雑かつ興味深いものであったというものです。まず、東アジアの自然環境の話から始めましょう。

1　東アジアの環境的背景

中国の北部と南部

中国の自然環境を理解する際、重要なのは、北部と南部のあいだに見られる顕著なコントラストです。2章でもふれられたようにチベット高原、内蒙古、新疆(しんきょう)、シベリアの一部などの地域を含む中国北部は、生物地理学による区分にしたがえば、旧北区に相当します。この地域は冬には平均気温が〇℃を下回り、特にモンゴルとシベリアの境界付近では、一月の平均気温はマイナス二〇〜三〇℃にもなります。中国北部は亜乾燥地域ですが、北西部は特に乾燥していて最終氷期の植生はステップ、つまり、ヨモギ（ヤマヨモギ）が卓越する草原地帯であったと推定されています。そのころの主要な動物相はウマ、ガゼル、バイソンに加え、マンモスや有毛サイなどの絶滅した大型草食獣であったと推定されます。

一方、中国南部は東洋区とよばれる生物地理区にあたります。ここでは冬の間でも氷点下になることはほとんどありません。モンスーンの影響で、年間降水量は一〇〇〇ミリ以上になり、典型的な亜熱帯、熱帯の植生が広がっています。主要な動物はパンダ、東洋サイ、ステゴドン

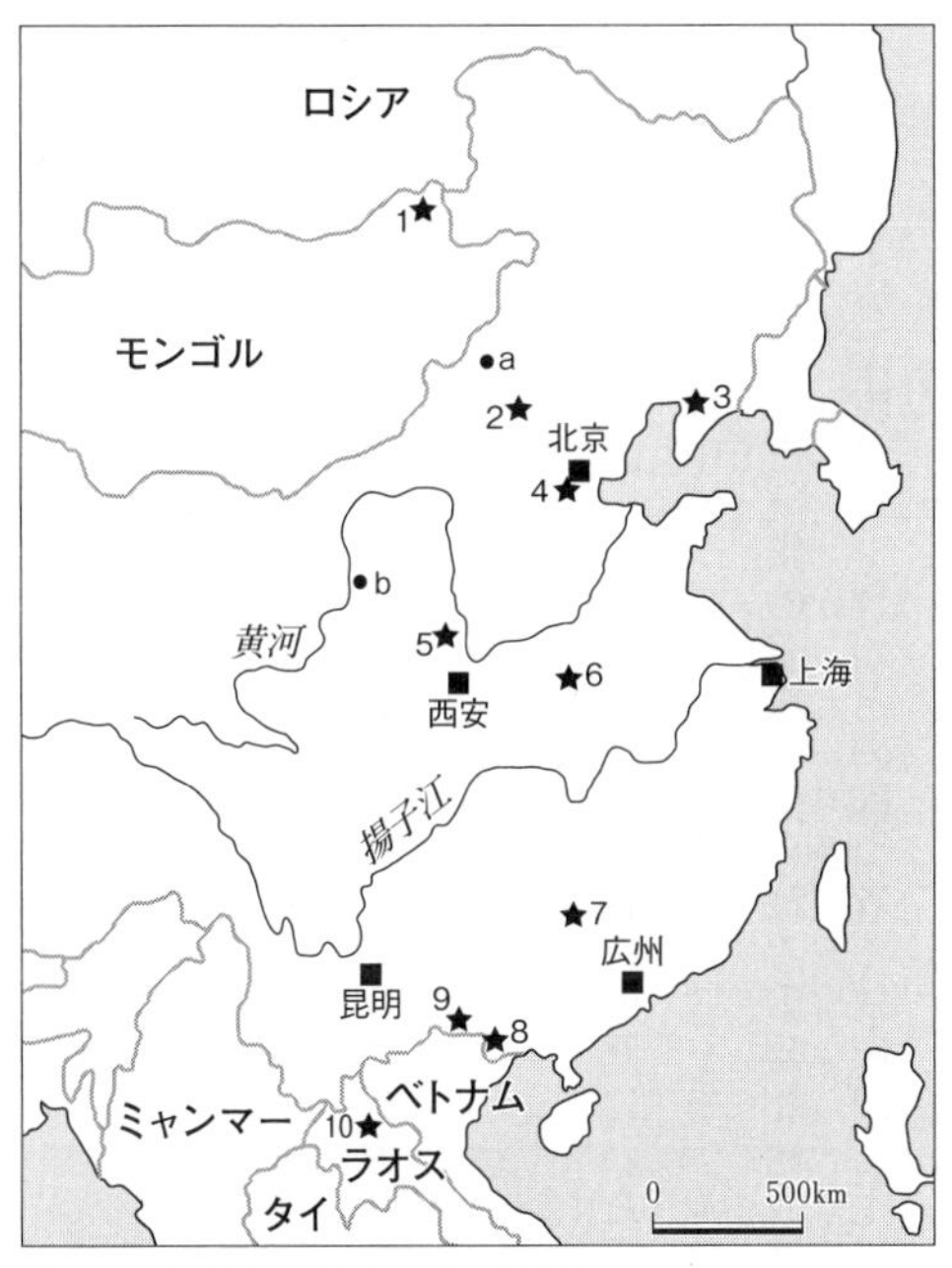

図3-1　本章と関連する主要遺跡
1 サルキット　2 許家窯　3 金牛山
4 周口店上洞と田園洞　5 大荔　6 許昌
7 福岩　8 智人洞　9 馬鹿洞
10 タン・パ・リン　a 金斯太洞　b 水洞溝
aとb以外は化石人骨の出土あり。

ゾウやスイギュウなどです。

このように、多様な気候条件下で北部と南部の生物学的領域がどのような関係にあったのか、そして、ヒトがその関係の変化にどのように適応していたかという点が、中国の旧石器時代を研究するうえで最も興味深い点です。本章で扱うようなテーマについて考えるときは、この北と南の対照性の問題を常に心にとどめておかなければなりません。

東アジアの古気候

中国には過去二五〇万年間を超える長い期間にわたる、非常に素晴らしい気候記録が残されています。それは中国へのヒトの移住や拡散をモデル化するために、きわめて有用な情報を提供してくれます。古気候の記録が得られる重要な地域は、中国中央部にそびえ、中国を南北に分割する秦嶺（しんれい）山脈とモンゴルとの国境近くに広がる毛烏素（ムウス）、ゴビ、騰格里（テンゲル）といった沙漠のあいだの広大な地域に広がる黄土（こうど）高原です。その面積はフランスと同じくらいにもなります。

黄土はレスともよばれますが、冬の季節風によって塵やほこりが吹き寄せられ堆積したものです。黄土高原の中央部にあたる洛川（らくせん）地域には黄土が一七五メートルもの厚さで堆積しており、過去二五〇万年間にわたる気候変遷、温暖湿潤期と寒冷乾燥期の変遷を記録しています［図3-2、図3-3］。黄土が堆積する環境は草原、あるいは草地程度の植生しかない、寒冷で乾燥した気候だった時期を示します。

図3-2　中国黄土高原、洛川県（陝西省）
この地域では黄土の厚さは175メートルに及び、過去250万年間のデータを記録している（撮影・R.デネル）。

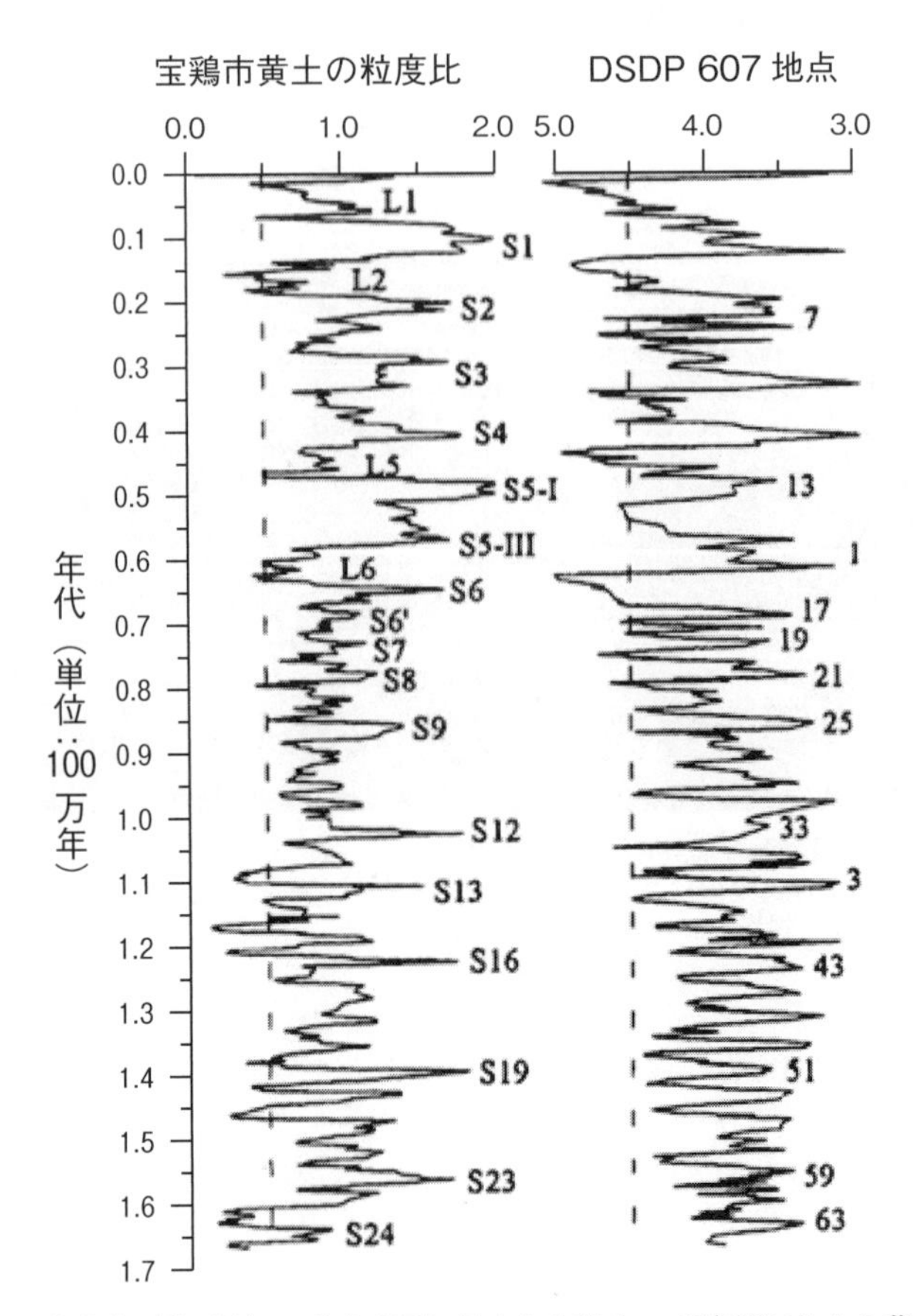

図3-3　宝鶏市（陝西省）の黄土高原に見られる過去170万年間にわたる黄土・古土壌堆積

図中のS＝土壌／古土壌、L＝黄土（レス）

黄土の粒径は過去の風の強さ、すなわち冬の季節風の強さの良い指標となる。粒径を指標とした気候変動のグラフはDSDP（Deep sea drilling program）607などの深海堆積物コアから推定された気候変動とよく一致している。

古土壌は温暖で湿潤な気候の期間に形成され、黄土は土壌形成が見られない寒冷で乾燥した気候の期間に堆積する。

図版出典　Liu, T. and Ding, Z., Chinese loess and the paleomonsoon. *Annual Review Earth Planetary Science* 26: 111-145. 1998.

一方、温暖で降水量が多い時期には、樹木を含む、より濃密な植生が発達しましたから、黄土ではなく、古土壌とよばれる土壌が堆積しています。二五〇万年のあいだには、寒冷期と温暖期が入れ替わる少なくとも三三回の大きな気候変動がありました。もう少し小さな気候変動も含めれば、一〇〇回以上もの変動あったことがわかっています。

黄土と古土壌の連続堆積は、東アジアや東南アジアでの寒冷乾燥気候と温暖湿潤気候の変遷を広く理解することを可能にしました。たとえば、およそ一二万五〇〇〇年前—一〇万年前にあたる最終間氷期の期間は、海水面は現在とほぼ同じ高さで、よって海岸線も現在とだいたい同じでした。中国の南部地域は熱帯、亜熱帯性の森林によってほぼ覆われており、北部の地域も降水量が多く、沙漠やステップの範囲が縮小していたことがわかっています［図3-4］。八万年前ごろになると、気候は寒冷、乾燥化し、海水面も下がりました。そのため、中国の海岸線は東へと広がり、現在は島嶼部となっている東南アジア一帯の広い地域が陸地となりました［図3-5］。中国南部では、この時期にはおそらくヒトの拡散に適した回廊のような開放的な林が拡大したと推定されます。一方、北部では沙漠とステップが拡大し植生が縮小したようです［図3-6］。

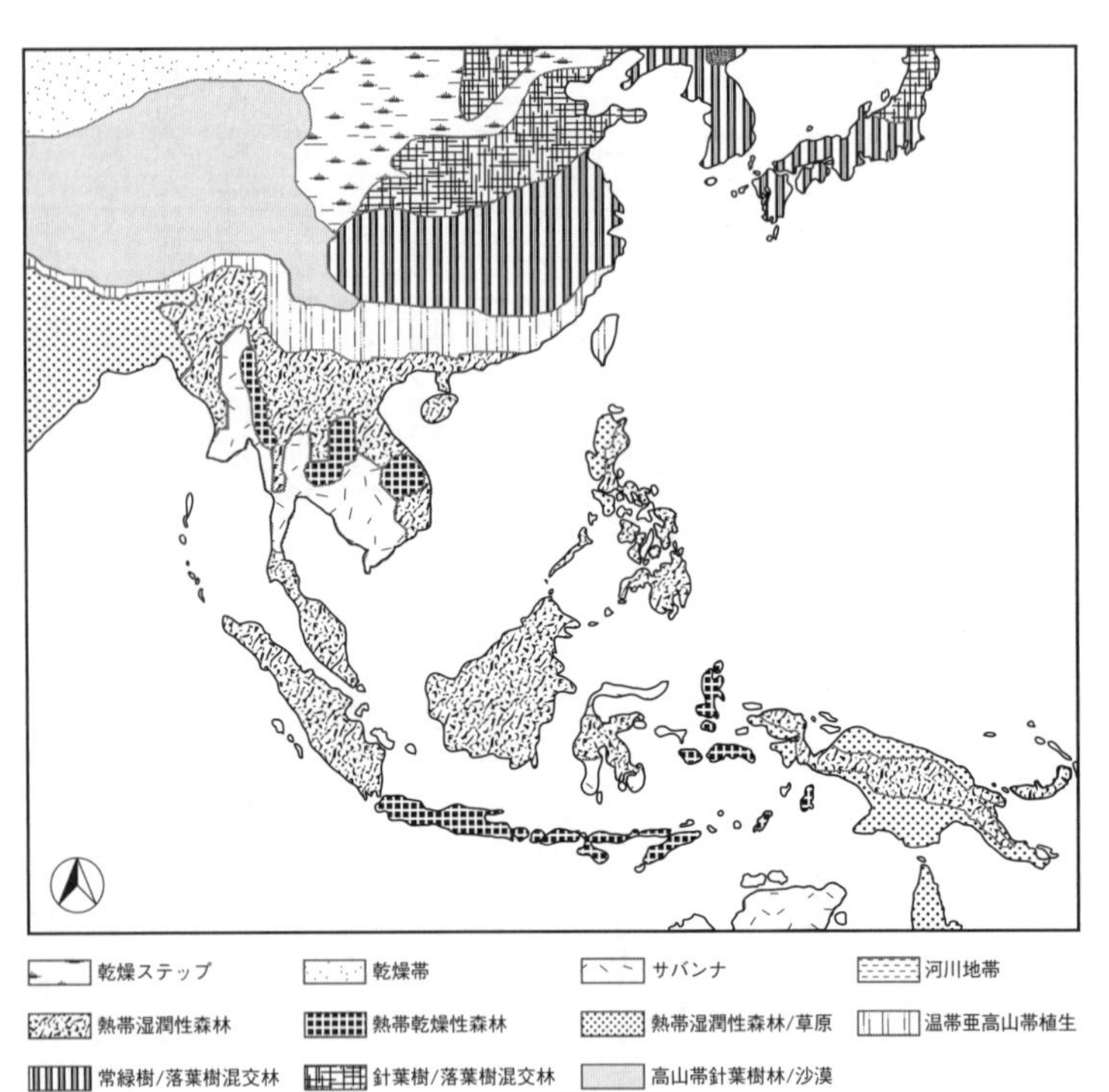

図3-4 東南アジアの植生復元、海洋酸素同位体ステージ5（125-80ka）

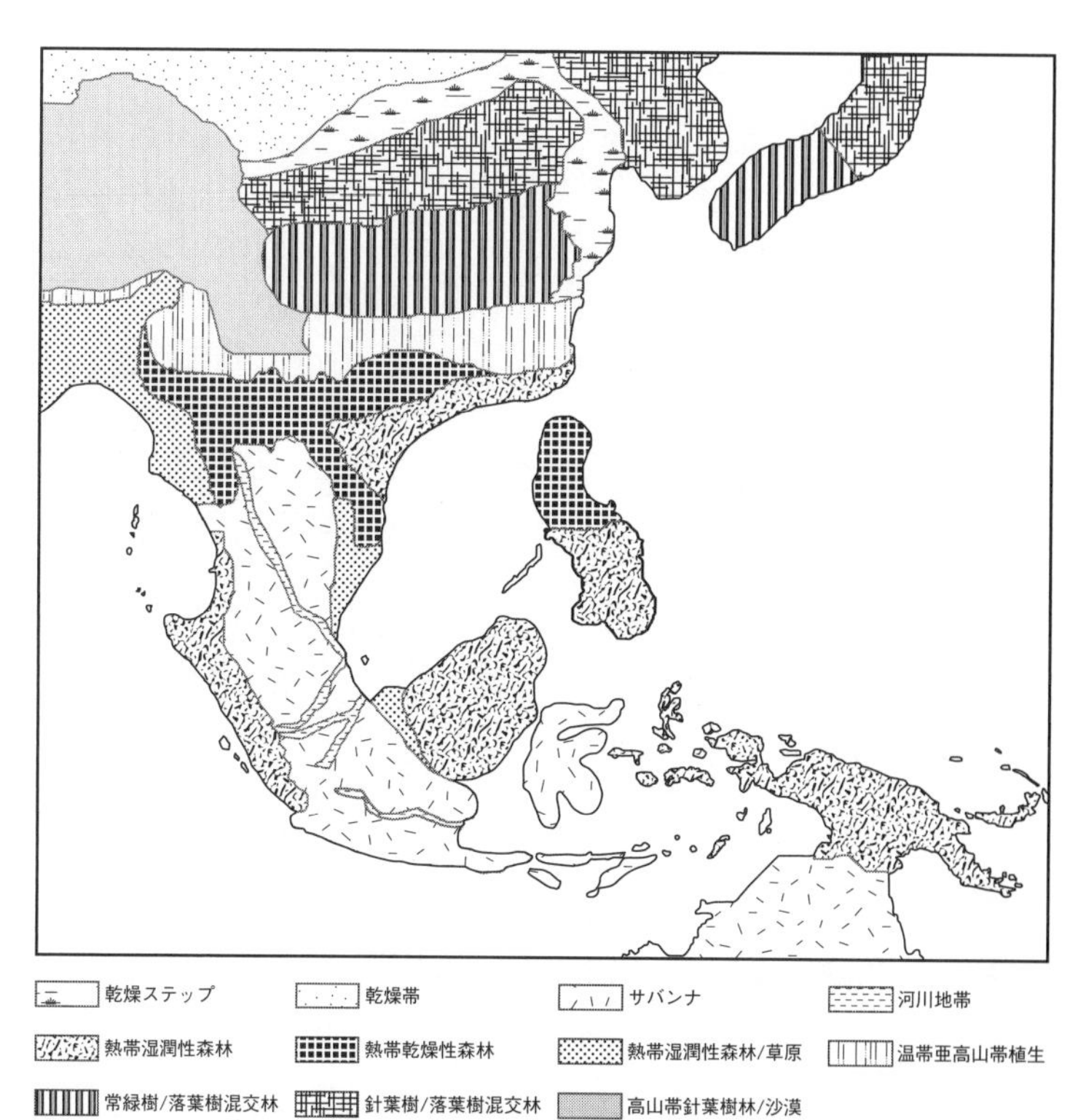

図3-5　東南アジアの植生復元、海洋酸素同位体ステージ4（80-60ka）
草原の拡大と熱帯高山帯植生の後退（海面の低下）に注目。

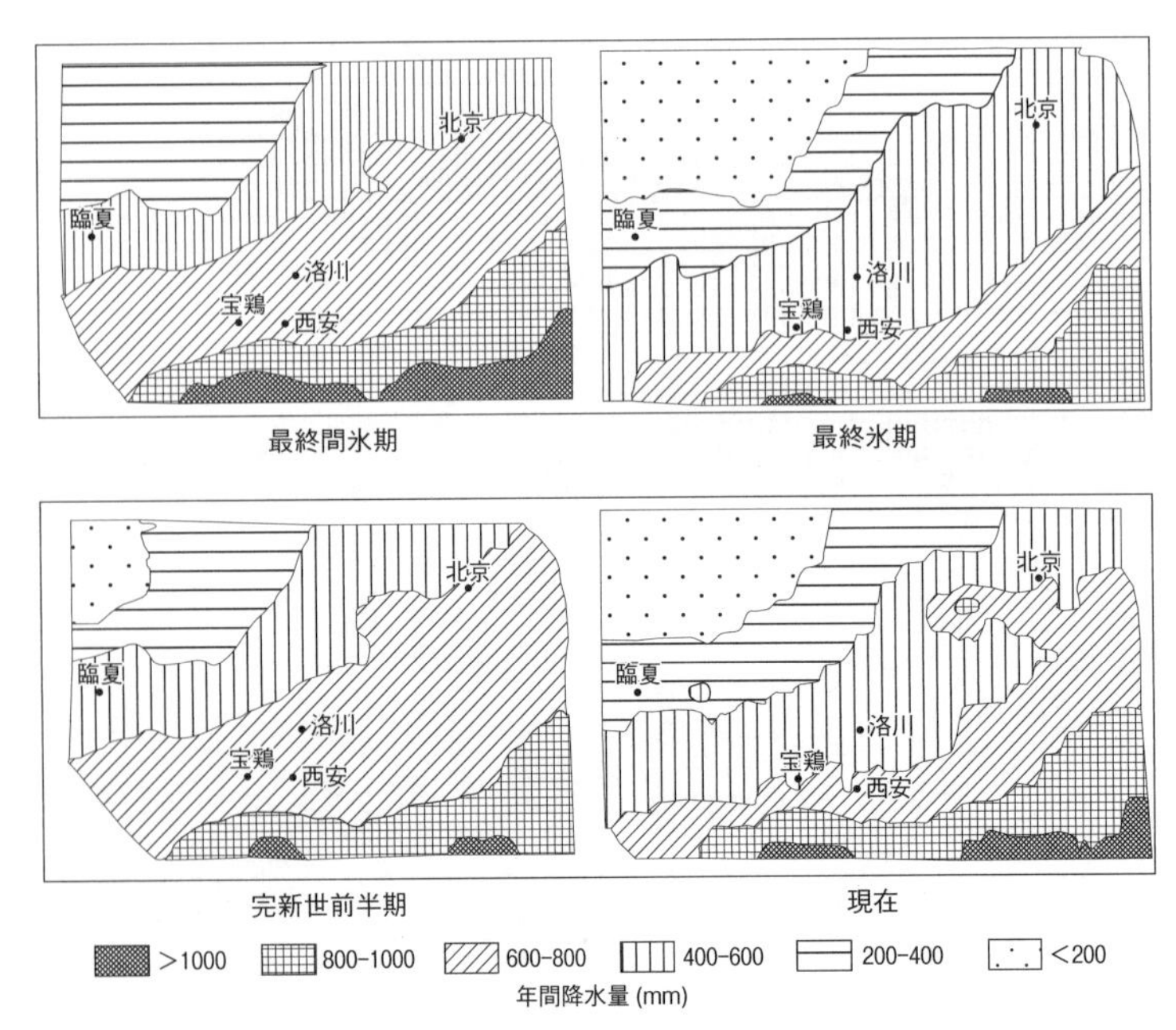

図3-6　最終間氷期〜現在の中国黄土高原の降水量の変化

2 現生人類以前

交互に出現した移住可能な環境

以上のような古気候の復元をもとにすれば、ヒトの移住に適した条件の移り変わりについて単純な予測をすることができます。温暖で湿潤な時期には、沙漠が縮小したため、中国北部では西や北からの移住が可能になったことでしょう。一方、そのような時期、中国南部では、密集した森林が発達したはずですから、移住は不可能ではなかったとはいえ、困難だったと考えられます。逆に、寒冷な時期には、南部へは簡単に移住できましたが、北方からの移住は沙漠とステップが障壁となり、はるかに困難であったと考えられます。

こうした移住パターンは、おそらく過去五〇万年以上にもわたって繰り返されたと推測されます。初期人類の移住は南方からは、難易度は違ったものの、おそらく恒常的に可能でした。一方、北方からの移住は温暖な時期にのみ可能だったというわけです［図3-7、図3-8］。

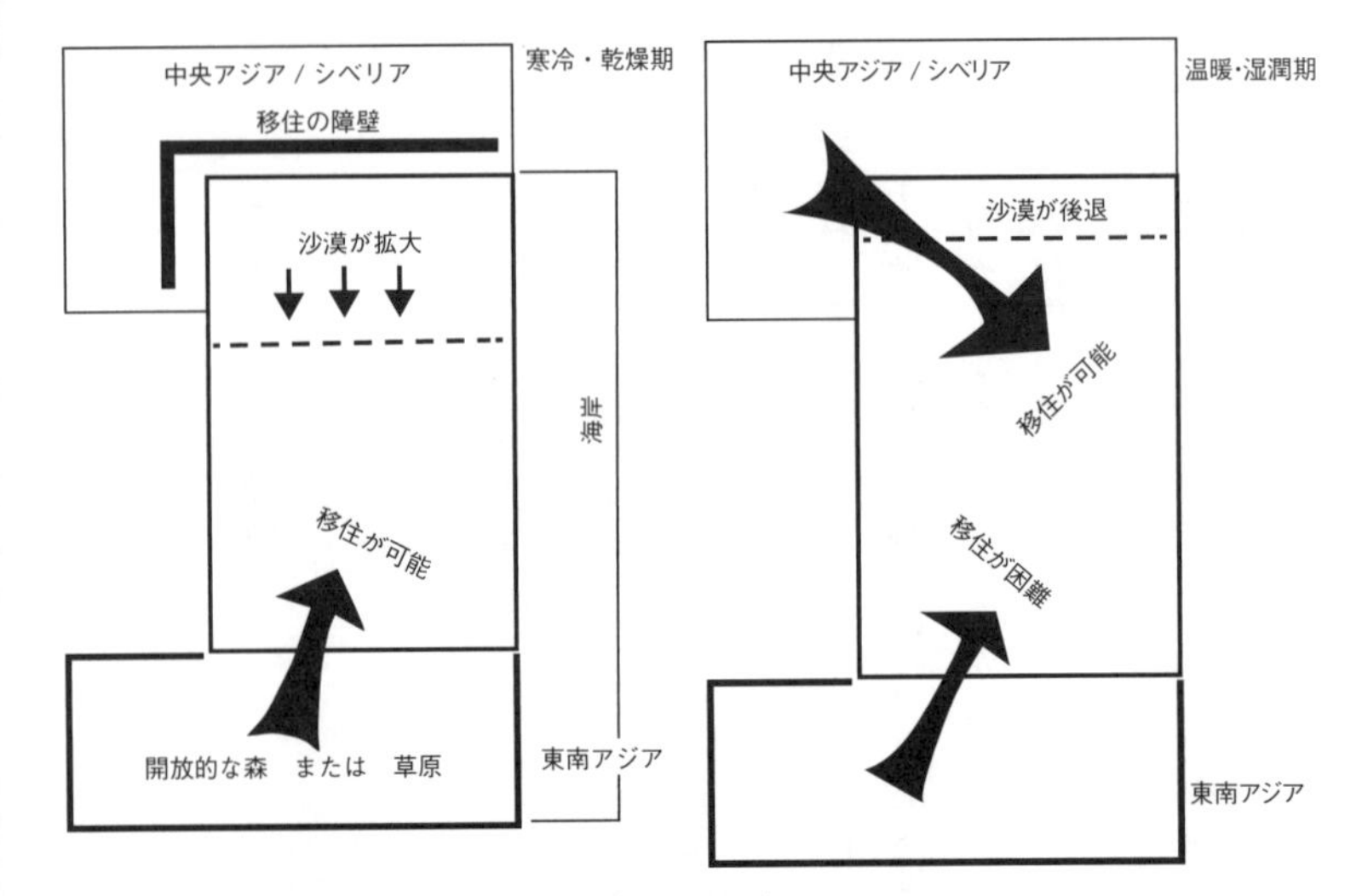

図3-7　温暖な期間の中国への移住仮説（右）
中国北部では、温暖な期間には沙漠が北へと後退するため、北方や西方からの移住が可能。中国南部も移住は可能だが、熱帯の密林が拡大するために困難になった可能性がある。

図3-8　寒冷な期間の中国への移住仮説（左）
北部中国では沙漠地域が拡大するために北方や西方からの移住が非常に困難になるが、中国南部への移住は容易になる。

二〇万年前の化石はホモ・ハイデルベルゲンシスか？

黄土高原の気候復元データによれば、現在までの五〇万年間に西方から中国北部への移住が可能であった時期、つまり温暖湿潤な間氷期は少なくとも四回あったことがわかります。実際、それらの時期の地層からは化石人骨が出土しています。一つは中国北部の金牛山（チンニュウシャン）という洞窟遺跡で発見された頭蓋骨で、およそ二八万年前と推定される地層から出土しました（海洋酸素同位体ステージ7）。もう一つは大荔（ターリ）遺跡で、金牛山遺跡よりも少し新しく、およそ二〇万年前に年代づけられています。見つかった化石は、金牛山遺跡とよく似た頭蓋骨で、どちらもホモ・ハイデルベルゲンシスであると同定されています。

みなさんは北京原人という人類について聞いたことがおありでしょう。いわゆる、ホモ・エレクトスの仲間です。最初に見つかったのは北京郊外の周口店（しゅうこうてん）遺跡で、六〇万年前—四〇万年前とされています。中国で知られている最も古いホモ・エレクトスの例は、公王嶺（ガンワンリン）あるいは藍田（らんでん）ともよばれる遺跡で発見されたもので、最近、年代が測り直されて、およそ一六〇万年前とされています。これらのホモ・エレクトスは、原人時代にアフリカから移住してきたヒトの子孫です。

一方、金牛山遺跡や大荔遺跡で見つかったホモ・ハイデルベルゲンシスは、ホモ・エレクトスとは異なる原人の仲間です。共通の祖先から進化したようですが、その故地については諸説ありますｍ。ハイデルベルゲンシスの化石が見つかる多くはヨーロッパですので、そこで誕生してそこから東へ拡散したと考えている研究者もいますし、アフリカで誕生し、およそ六〇万年前にヨーロッパへと拡散、同時に東は中国に至るまで拡散したと考える研究者もいます。その位置づけについては、まださまざまな議論はありますが、古人類学研究者の多くは、金牛山遺跡で見つかったようなホモ・ハイデルベルゲンシスは、北京原人などホモ・エレクトスとは別種の人類集団だと考えています。

筆者も、中国ではホモ・ハイデルベルゲンシスは移住してきた人類であり、在地のホモ・エレクトス集団とは異なる集団だったと見ています。原人時代にも、地元で古くから居住していた人類と移住してきた人類の共存という構図があったのではないかと思います。

交雑集団？

さて、次に中国北部の許家窯（きょかよう）という遺跡の話をしましょう。この遺跡から見つかっている化石人骨には細かい骨片と下顎骨が含まれています。その位置づけは、たいへん難しく、第一に確実な年代がわかりません。二〇万年前—一六万年前ごろと考えている研究者もいますが、三三万年前ごろまでさかのぼると考える研究者もいます。さらに一六万年前よりもずっと新しいと考えている研究者もいて、本当はいつごろのものなのかわかりません。

さらに人類種を同定することも簡単ではありません。中国で最も多く見られるホモ・エレクトスとはいえませんが、ホモ・ハイデルベルゲンシスでもありません。そして、ネアンデルタール人でもありません。筆者もそうですが、交雑した人類、すなわち異なる種に属する人類が交配した結果を示す人骨なのではないかと疑っている研究者もいます。

もう一つ、中国の中央部の許昌(きょしょう)遺跡で発見された、もう少し信頼できる例を紹介します。この遺跡の年代はいくぶん確度が高く、一二万五〇〇〇年前—一〇万年前に位置づけられています（海洋酸素同位体ステージ5）。見つかっているのは、二体の非常に保存良好な頭蓋骨です。形態学的には、在地の古い集団から連続する特徴とネアンデルタール人の特徴を合わせもっており、交雑の証拠を示すもう一つの例である可能性があります。中国人の研究者もこれらの人骨を「連続性と交雑の同居」、いい換えれば、移住してきた集団と交雑した在地の集団であると言及しています。

ここで主張したい点は、ホモ・サピエンスが中国に移住してきたとき、すでに異なる種の初期人類がいたこと。彼らは異なる集団と交雑した人類集団であり、ホモ・サピエンスは、さらに彼らと交雑したかもしれないということです。すなわち、ヒトの歴史はそれら交雑の影響で非常に複雑であった可能性を考慮しなくてはいけないということです。

3　現生人類の時代

東南アジアのホモ・サピエンス

次にホモ・サピエンスの化石証拠を見てみましょう。まず、東南アジアです。今のところ重要な遺跡は三カ所あります。ラオスのタン・パ・リン遺跡、ボルネオ島のニア洞窟遺跡、そしてインドネシア、スマトラ島にあるリダ・アジャー遺跡です。

それらの中で現在のところ最も古いと考えられるのはリダ・アジャー遺跡の化石です。この遺跡は一九八〇年代に最初に調査されたのですが、最近になってオーストラリア、インドネシアの共同チームによって再調査されています。ホモ・サピエンスとされる歯が二本出土しており、オーストラリアのチームによって七万三〇〇〇年前―六万三〇〇〇年前ごろに年代づけられています。つまり、ホモ・サピエンスは七万年前―六万年前には、東南アジアにまで到来していたということです。

ラオスのタン・パ・リン遺跡では五個体もの人骨が出土していますが、現在も調査が進行中です。五個体中重要なのは四万三〇〇〇年前±七〇〇〇年前と年代づけられたタン・パ・リン1号とよばれる頭蓋骨、四万六〇〇〇年前±六〇〇〇年前に年代づけられたタン・パ・リン2号とよばれる下顎骨です。もう一つ、タン・パ・リン3号も同じく下顎骨ですが、七万年前よりは新しいと年代づけられているものの、年代は今のところ確定していません。調査は進行中ですので、近年中には明らかになるのではないでしょうか。

ボルネオ島のニア洞窟遺跡の資料は、長いあいだ東南アジアのホモ・サピエンスの最も良好な資料でした。とても大きな洞窟で、たいへん良好な考古学的資料が残されています。この洞窟は四万八〇〇〇年前ごろから人類に利用されていて、発見された頭蓋骨はおよそ四万五〇〇〇年前に年代づけられています。興味深いのは、ニア洞窟に居住していたヒトたちは熱帯雨林の中で生活していたということです。この洞窟での証拠はホモ・サピエンスが熱帯の環境の中で生活した最も古い例といえるでしょう。

中国南部のホモ・サピエンス

中国南部では東洋区動物相の一部としてホモ・サピエンスの化石が出土しています。二つの遺跡があり、両者ともまだ論争中ですが、議論する価値のある資料といえます。

一つは智人洞（チーレン）という洞窟遺跡から出土した資料で、下顎骨と数本の歯が見つかっています。およそ一〇万年前に年代づけられると報告されています。下顎骨はホモ・サピエンスに同定されていますが、在地の人類集団と交雑した可能性を示す特徴も指摘されています。中国の研究者の中にはこの資料は「連続性と交雑の同居」を示すもう一つの例であることを示唆しているという人もいます。つまり、この資料には時々に移住してきたホモ・サピエンスと交雑した在地の人類の例である可能性があるということです。

この発見が『ネイチャー』誌に発表されたとき、筆者はコメントとして、この資料は単に新しい段階のホモ・エレクトスである可能性もあると書いたことがあります。なぜなら、中国南部の進化的に新しい段階のホモ・エレクトスについては、今のところ、ほとんどわかっていないからです。

また、この資料の年代についてもまだ問題があると筆者は考えています。この下顎骨の年代については、すでに指摘されていることですが、洞窟の床面の一部に堆積したフローストーンとよばれる石灰分の年代をもとに推定されたものです。ほんの数センチの幅に密集して堆積したフローストーンの最上部が五万五〇〇〇年前、最下部が一〇万年前とされたのですが、筆者はこのような状況ではフローストーンのどの部分が下顎骨と関連しているかを決めることは不可能であると考えています。しかしながら、調査はまだ進行中で、二、三年後にはこの重要な資料の、より信頼できる年代がわかるのではないでしょうか。

近年、最も話題にのぼっている中国南部の遺跡は、道県（どうけん）にある福岩洞窟（フーヤン）遺跡です。この遺跡では良好なホモ・サピエンスの証拠が出土し、一〇万年前—八万年前に年代づけられています。

発見は中国・スペイン共同チームによる調査の成果です。この洞窟では床面全体がフローストーンに覆われており、それはおよそ八万年前とされています。明らかにこのフローストーンの下から確実にホモ・サピエンスといえる四七本の歯が見つかったのです。八万年前のフローストーンに覆われていましたので、中国ではそれ以前にホモ・サピエンスが到来していたと考えられます。福岩洞窟の資料は、中国南部にはかなり早い段階にホモ・サピエンスが移住していた証拠を示しているように見えます。

ただし、筆者はこの発見についても、まだ慎重に扱うべきであるとコメントしたいと思います。ホモ・サピエンスの化石が出土した層の形成過程については、その方面の専門家によってさらに詳細に調査されるべきであると考えます。

以上、中国南部のホモ・サピエンス到来の証拠について要約すると、一〇万年前―八万年前ごろまでさかのぼる可能性も示されていますが、それらの年代測定については引き続き調査する必要がありますし、さらに新しい発見も必要とされるということです。

この地域の人類史については、まだまだわからないことがたくさんあります。中国南西部の馬鹿(ばろく)洞遺跡で発見された資料についても触れておきます。一万数千年前の人骨が見つかっているのですが、その特徴はたいへん興味深いものでした。旧人的な形質も合わせもっていたからです。

この遺跡は小さな洞窟で、筆者はその遺跡から出土した頭蓋骨を観察し、その地域の専門家と遺跡について意見交換をしたことがあります。中国南西部、ミャンマーやベトナム、ラオスとの国境近くには深い山間盆地が点在しており、遺跡はそのうちの一つに位置しています。このような環境においては、人類集団が長いあいだ孤立するような事態が簡単に起こってしまうことでしょう。ですから、この遺跡のホモ・サピエンス集団は孤立してしまい、その結果、非常に変わった特徴を有してしまったケースであるといえるかもしれません。別種とはいえないまでも孤立した例である、というのが筆者の見解です。

同じような例として、モンゴルで発見されたサルキット遺跡の頭蓋骨があげられるかもしれません。この遺跡の資料は最終氷期に位置づけられていますが、専門家の中には非常に原始的な特徴をもっていると主張している人がいます。

化石の形態から、ホモ・サピエンスなのかどうか、違うとすればどの種であったのかを決めるのはますます難しくなっています。シベリアのデニソワ洞窟や中国の許家窯遺跡、許昌遺跡での最近の発見が示しているように、種の境界は本当に曖昧になってきています。古代DNA解析が示すとおり、ヒトは、過去、さまざまに交配を繰り広げてきたといいます。その解析結果を受け入れるとすれば、ホモ・サピエンスが、その近縁の種、ネアンデルタール人やデニソワ人らと交雑した集団をどのように記載すればよいのでしょうか。ホモ・サピエンスの起源論争において新たな化石資料を解釈する際には、常に頭に入れておかねばならないことです。

中国北部のネアンデルタール人、デニソワ人

次は中国北部について見ていきます。中国北部の人類化石は、旧北区動物相とともに発見されています。ホモ・サピエンス移住を探るうえで鍵となる八万年前—三万年前ごろの古環境のデータからは、その時期の中国北部は非常に不安定な気候であったことがわかります。沙漠から草原、草原からステップ、あるいはステップから草原へという変化が何度も起こっていたはずです［図3-9］。興味深いのは、中国北部ではさらに北方からの人類の移住の証拠が見られることです。旧北区動物相と一緒に移住してきたようです。そうした行動を可能にしたのは、暖かい、防寒性の高い冬の衣服だったでしょう。人類は当時すでに、モンゴルやシベリア、中国北部のような極寒地域でも生き残れるように適応していたのです。

最近の発見によれば、中国北部に最初に移住してきたのはホモ・サピエンスではなく、ネアンデルタール人だったようです。モンゴルとの国境近く、内蒙古の金斯太(チンスタイ)洞窟では、四万七〇〇〇年前—四万二〇〇〇年前とされる、中部旧石器時代ムステリアン石器群が出土しています。このタイプの石器群は通常ネアンデルタール人によって作られていると考えられており、そのため中国北部ではホモ・サピエンスより前にネアンデルタール人が入ってきた可能性が考えられています。

デニソワ洞窟の調査成果を参照するならば（2章）、さらに、ネアンデルタール人と断じて

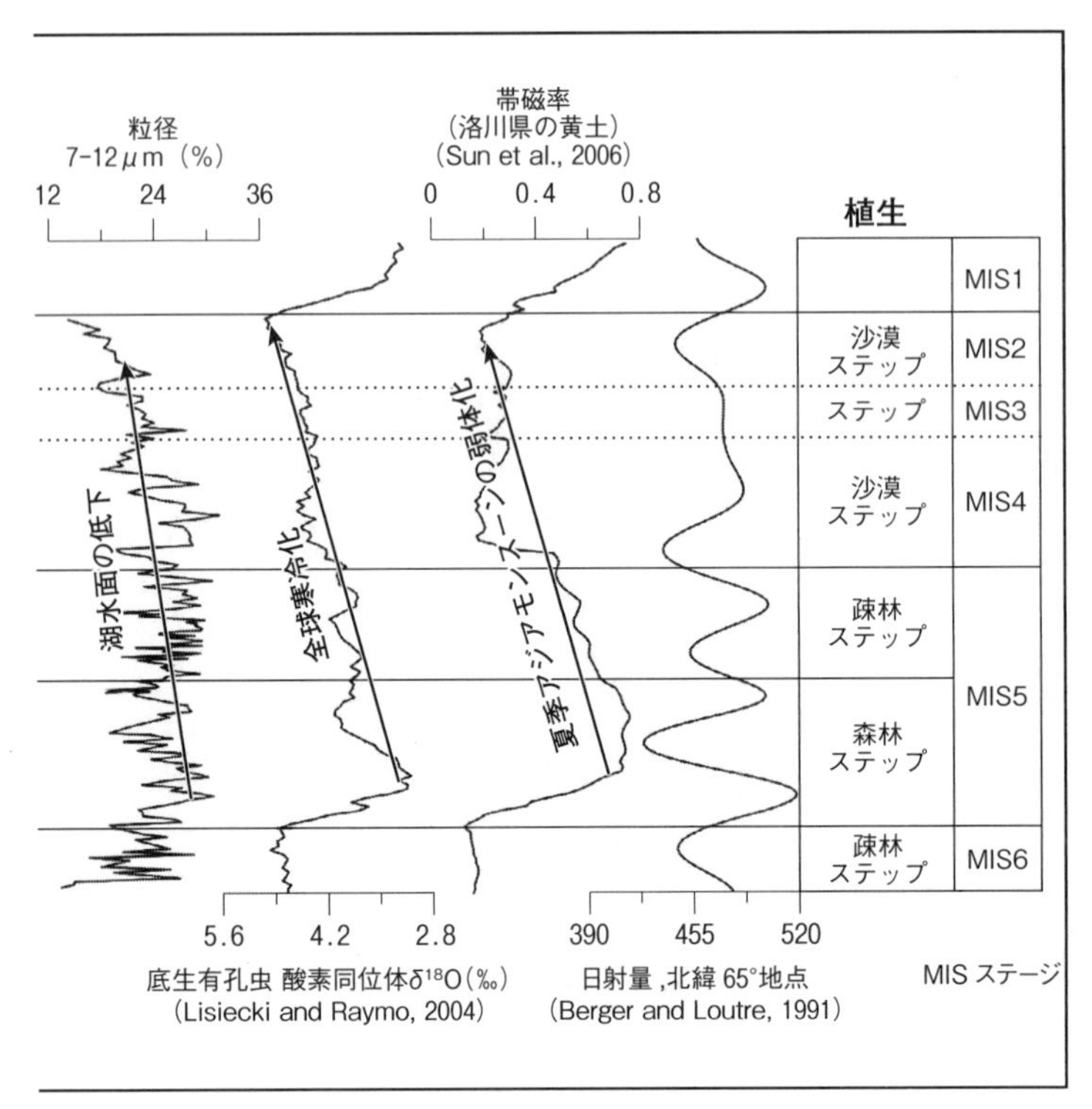

図3-9 内蒙古における最終氷期の環境変遷サイクル
最終間氷期（海洋酸素同位体ステージ5）の森林ステップと、氷期（同4）と最終氷期最寒冷期（同2）の沙漠ステップとの違いに注目。
図版出典：Cai, M et al., Vegetation and climate change in the Heato Basin (Northern China) during the last interglacial-glacial cycle. *Journal of Asian Earth Sciences* 171: 1-8. 2019. Fig. 4.

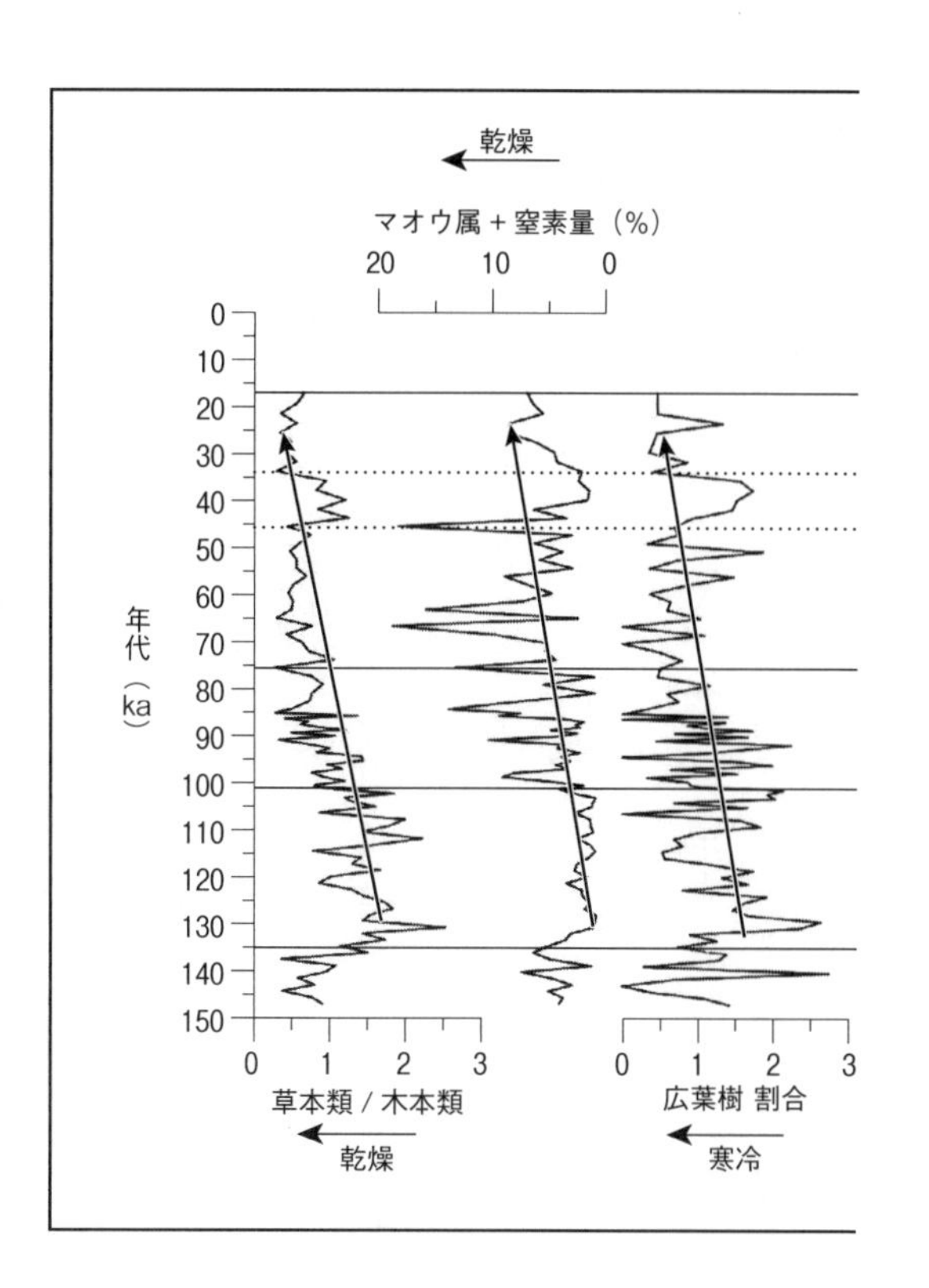

乾燥
マオウ属＋窒素量（%）
20
10
0
年代（ka）
0
10
20
30
40
50
60
70
80
90
100
110
120
130
140
150
0
1
2
3
草本類 / 木本類
乾燥
0
1
2
3
広葉樹 割合
寒冷

しまうよりは、ネアンデルタール人とデニソワ人の交雑集団かもしれません。

いずれにしても、ネアンデルタール人に関わる集団であるとすれば、ヨーロッパから中国北東部に至るユーラシア全域にネアンデルタール人が移住していたという驚くべきシナリオが描けることになります。ただし、金斯太洞窟からは人骨の出土はありません。ネアンデルタール人なのかどうか、この時期の中国北部において人骨の出土が切に望まれるところです。

この点、多くの人骨化石が出土しているアルタイ地方のデニソワ洞窟の資料は非常に重要です。デニソワでは、見事に連続する遺物包含層の堆積が見られ、世界中が驚いたデニソワ人の発見がありました。そして、最近では古代DNAの解析によって、ネアンデルタール人とデニソワ人の交雑があった証拠が示されています。ここで見つかった少女はネアンデルタール人の母とデニソワ人の父のあいだに生まれたとされています（5章）。交雑という現象はホモ・サピエンスが中国北部を含む東アジアに移住してきたときに出会った先住集団を説明する際の重要なキーワードであると考えています。

中国北部のホモ・サピエンス

中国北部において信頼できる最も古いホモ・サピエンスの証拠としては、北京に近い田園洞（でんえんどう）遺跡の資料があげられます。発掘調査によって下顎骨と足の骨が見つかっています。残念なことに石器類などの考古学的な証拠を伴っていませんが、その骨がホモ・サピエンスであることは確実で、アジア全域を通じて一般的なホモ・サピエンスと共通の特徴を有しています。足の骨に関して興味深いのは、指先の骨がとても短く、このことからその個体が日常的に靴やブーツを身に着けていたと示唆されることです。もしそうであるとすれば、履物を履く習慣を示す最も古い証拠となります。

　中国北部のホモ・サピエンスのもう一つの証拠は、周口店遺跡上洞から出土した人骨化石です。この遺跡は一九三三年—三四年に調査されましたが、当時としては驚くほど注意深い方法で発掘され、非常に残りのよい二個体分の頭蓋骨とビーズが出土しています。ビーズはアジアやヨーロッパの上部旧石器時代初頭に出土するものとよく類似しています。この遺跡の年代についてはさまざま議論があったところですが、近年になってそれら頭蓋骨とビーズはおよそ三万六〇〇〇年前に年代づけられています。

　次に、中国北部の同じ時期に対比できる二つの遺跡、水洞溝(すいどうこう)1遺跡と水洞溝2遺跡について述べます［口絵2-2］。これらの遺跡は一九二〇年代に最初に発見されました。水洞溝1遺跡は一九六〇年代から何度も発掘調査が行われており、水洞溝2遺跡は中国のチームの手で今世紀になってから発掘調査されています。水洞溝1遺跡からはおよそ四万年前に年代づけられる上部旧石器時代初頭の石器文化が出土しています。少なくとも二種類の石刃剥離工程を示す資料が含まれていて、モンゴルやシベリアの同時代石器群と対比できるものです。一方で、中国南部の資料とは完全に異なった石器文化であって、とうてい対比することはできません。

同じことが水洞溝2遺跡にもいえます。この遺跡の遺物包含層はたいへん厚く、おそらく長い期間、断続的に居住されていたと考えられます。その期間は三万六〇〇〇年前―二万八〇〇〇年前ぐらいではないかと推測されます。包含層には大量の石器や動物骨や装身具、ダチョウの卵殻のビーズなども含まれていて、これらもシベリアで発見されている遺物とよく似ています。

繰り返しになりますが、中国北部の考古学的記録はモンゴルやシベリアと共通性が高く、中国南部のものとは異なっているのです。水洞溝遺跡群でも人骨はマンモスやウマ、ガゼルなどの旧北区動物相と一緒に出土しています。

最近、『サイエンス』誌にきわめて興味深い発見が報告されました。おそらくホモ・サピエンスと思われる遺跡がチベット高原の標高四六〇〇メートルの地点で発見され、およそ三万六〇〇〇年前に年代づけられています。石器製作に最適な石材を産出する大きな丘の近くのキャンプ地で、三〇センチ以上の長さの石刃を製作していたそうです。中国北部に進出した初期ホモ・サピエンスは、寒冷地にも十分適応できる技術をもっていたことがわかります。

もう一つ、東アジアへの北からの移住を示す例をあげておきましょう。それは、二万五〇〇〇年前以降に中国北部に見られる細石刃や細石刃石核で構成される細石刃石器群です。このタイプの石器文化はシベリア、モンゴル、さらには朝鮮半島や日本の北部でも発見されています。北からの移住がいく度も繰り返されたことを示す例といえます。

4　中国の人類学最前線

広大な中国にいたさまざまな人類

　これまでの話をまとめますと、中国における人類の歴史は非常に複雑であるといえます。それは中国が広大で、熱帯雨林から沙漠、海岸地域から標高五〇〇〇メートルのチベット高原まで、自然環境がきわめて多様であるからなのでしょう。ホモ・サピエンスは、過去五〇万年間において、初めて中国にやってきた移住者ではありません。それより前にやってきたホモ・エレクトス、ホモ・ハイデルベルゲンシスら原人、さらにはネアンデルタール人やデニソワ人など旧人が織りなす世界にやってきた後発隊です。

　東南アジアで今のところ最も古く信頼のできるホモ・サピエンスの証拠は、七万三〇〇〇年前―六万三〇〇〇年前のものです。中国の智人洞や福岩洞などの遺跡の証拠は八万年前にさかのぼるかもしれず、それより古い可能性もありますが、筆者は年代についてもう少し検証する必要があると考えています。

一方、中国北部では五万年前ごろ、ホモ・サピエンスよりも先にネアンデルタール人がやってきました。暖かい衣服を身に着けることで寒冷な気候に適応し、旧北区動物相と一緒に移動してきたようです。中国北部へのホモ・サピエンスの移住の証拠として最も古いのは、およそ四万年前の田園洞窟遺跡の資料です。おそらく水洞溝遺跡が同じぐらいの年代であると思われます。ホモ・サピエンスがこの地域に適応できた背景を考察するには、彼らがネアンデルタール人から技術を学んだ可能性を考慮すべきであろうとすら思っています。

中国北部へのホモ・サピエンスの拡散は三回ほどあったようです。最初は水洞溝1遺跡に見られるような大型石刃石器群をもつ集団、次に水洞溝2遺跡のような小型石刃石器群をもつ集団、そして三回目は細石刃石器群の集団です。ホモ・サピエンスは三万六〇〇〇年前ごろにはチベット高原まで到達しています。中国を舞台とした東アジアへのホモ・サピエンスの拡散は、このように筆者らが数年前まで考えていたよりもずっと複雑で興味深いものだと考えます。

参考文献

Boivin, N. et al., Human dispersal across diverse environments of Asia during the Upper Pleistocene. *Quaternary International* 300: 32–47. 2013.

Chen, F. et al., A late Middle Pleistocene Denisovan mandible from the Tibetan Plateau. *Nature* 569: 409–412. 2019.

Cai, M. et al., Vegetation and climate change in the Heato Basin (Northern China) during the last interglacial-glacial cycle. *Journal of Asian Earth Sciences* 171: 1–8. 2019.

Li, F. et al., Re-dating Zhoukoudian Upper Cave, notthern China and its regional significance. *Journal of Human Evolution* 121: 170–177. 2018.

Liu, T. and Ding, Z., Chinese loess and the paleomonsoon. *Annual Review of Earth Planetary Science* 26: 111–146. 1998.

Maher, B. and Thompson, R., Paleorainfall reconstructions from pedogenic magnetic susceptibility variations in the Chinese loess and paleosols. *Quaternary Research* 44: 383–391. 1995.

Slon, V. et al., The genome of the offspring of a Neanderthal mother and Denisovan father. *Nature* 561:

113–116. 2018.

Zhang, X. L. et al., The earliest human occupation of the high-altitude Tibetan Plateau 40 thousand to 30 thousand years ago. *Science* 362: 1049–1051. 2018.

4章

日本列島へたどり着いた三万年前の祖先たち

海部陽介

はじめに

本書では、アフリカを出たホモ・サピエンス（現生人類）がユーラシア各地にどのように拡がったのかについて、現在、わかっていることが整理されています。特に焦点があてられているのが、アジアです。

多くの研究者はアジア各地で調査をしながら、ホモ・サピエンスがどのように移住してきたかを探っているのですが、筆者自身は、そうした矢印を引いて移住経路を明らかにするだけでなく、その矢印の裏側にはどのような物語があったのかということに、とても興味をもっています。この章では、そうした裏側の研究の一端について述べていきます。

1　東アジアのホモ・サピエンス

いつ拡がったか

まず、すべての研究者が合意していることとして、約三万年前には、アジア全域にホモ・サピエンスが拡がっていたと考えられています。極北から日本列島、オーストラリアまで、ほぼ全域に拡がっていたことがわかってきています。

その一方で、3章でロビン・デネル教授が書かれているように、彼らがいつここへ来たかに関しては、さまざま論争があります。一つの大きな争点は、約一〇万年前の早い拡散の有無でしょう。

3章でも触れられていましたが、スマトラ島のリダ・アジャー洞窟で出たホモ・サピエンスの歯は七万年前のものだとする報告が最近出て、広く引用されています。しかし、私はこれについては懐疑的です。詳述は避けますが、本題の前に、その理由だけ述べておきたいと思います。

まず、これら二点の歯は博物館のコレクションから見つかったもので、論文著者らが発掘したものではなく、古い地層から見つかったかどうかわからないのです。ここが一番の問題点です。確実に問題の地層から発見されたオランウータンの歯を見ると、黒いシミが入っています。それは地層中の鉱物を取り込んで、染みてできたものです。色も白っぽくなったり黄色っぽくなったり、脱色しています。これが、この地層に埋もれている化石の歯の典型的な様相のようです。

ところが、ホモ・サピエンスの歯と同定されたものは、まったくそれとは保存状態が違います。このことだけから見ても、これらは同じ地層から出てきたとはとても考えづらいのです。この歯がこの地層から出たと、きちんとデータで示されないかぎりは、信じることができないと思っています。地層の年代はおそらく正しいでしょうが、化石の出所は十分な証明がなされていないという点が問題です。

3章で触れられた智人洞について、詳細は略しますが、やはり発表された年代には不安な点が残ります。ホモ・サピエンスがいつ東アジアに来たかという問題はまだ未決着と筆者は考えています。

どこへ拡がったか

一方で、明らかに疑いのない事実もあります。アジアは広大で、いろいろな気候帯を含みますが、ホモ・サピエンスがこの多様な環境を有する全域に拡がった事実は、誰もが認めるところです。異なる自然環境に柔軟に適応して、その解決の術を見つけていったと考えられます。二〇一八年に報告されたチベット高地の尼阿底遺跡も含めて、モンゴルやシベリア、さらには極北地域へと、極寒の地域に進出していった人びとがいます。チベットの例は驚くことに、標高四〇〇〇メートルを超えるような高原にも人びとが進出していたことを示しています。

南方はといえば、熱帯雨林への進出がわかっています。サルなどがたくさん棲息する熱帯雨林への進出がなぜ難しいのかと疑問に思われるかもしれませんが、人類は長期間、開けたサバンナで進化してきたのであり、熱帯雨林を離れたのは遠い昔です。そこへ人類が再適応するのですが、木の上方にいる小型動物をつかまえるのは難しく、狩りの技術を発達させてこそ、新しい環境への適応が可能であったと考えられています。

アジア大陸の辺縁の先には海が拡がっています。ホモ・サピエンスは海を越えて、日本を含め、島に渡ったとわかっています。このような多様な環境に対する適応が、私たちの遠い祖先たちが成したことです。この一部始終を解明することが、この分野の一つの目標となっています。

2　人類最古段階の海洋進出

西太平洋への進出

現在、私たちが注目しているのは西太平洋の海です。世界的に有名な例はオーストラリア一帯で、ここには四万七〇〇〇年前、あるいは六万年以上前に人びとが海を越えて、オーストラリア大陸、ニューギニア島へと渡っています。

じつは日本列島へも三万八〇〇〇年前ごろに人類が入ってきますが、当時は海で隔てられており、海を越えてきたことになります。おそらく、フィリピンでも同様かと思われます。西太平洋の広域で、五万年前―三万年前に人びとが海に出ているとわかりつつあるのです。世界でこの海域は、人類が最初に本格的に海洋進出を開始した場所といえるのではないかと考え始めています。本章では、あまり知られていなかった日本列島周辺の海洋進出について現在の研究状況を紹介します。

二〇一六年、筆者らの研究チームでは、当時、人びとがどのように海を渡ったか、実験航海で示そうというプロジェクト（「三万年前の航海 徹底再現プロジェクト」）を始めました。

この研究は、日本の国立科学博物館と台湾の国立台湾史前文化博物館がリーダーとなり、日本と台湾の共同プロジェクトとして運営しています。自治体などの後援や、クラウドファンディングによる民間支援、企業からの賛助を受けています。

海を越えた最初の日本列島人

日本列島にホモ・サピエンスが初めて渡来したのは、約三万八〇〇〇年前と考えられています。氷期の寒い時期で、海面が現在と比べて八〇メートルほど下がっていました。ご存じのとおり、最近は地球温暖化で海面が上昇していますが、逆に寒い氷期には、海面は下がっており、二万年前ごろの最寒冷期には、一二五～一三〇メートルほど低かったことがわかっています。そうなると、地形がかなり変わります。四万年前から三万五〇〇〇年前、日本列島に初めて人が渡ったころは、それほど寒くはなかったのですが、それでもやはり六五～八〇メートルほどは海面が下がっていたと考えられています。

図4-1は現在の海面を八〇メートル下げた地図で、当時の地形を推定したものですが、薄いグレーの部分が陸化していたと考えられます。たとえば、台湾は大陸の一部になり、黄海もかなりの部分が埋まっています。北海道はサハリンとつながり、大陸の一部となっています。こ

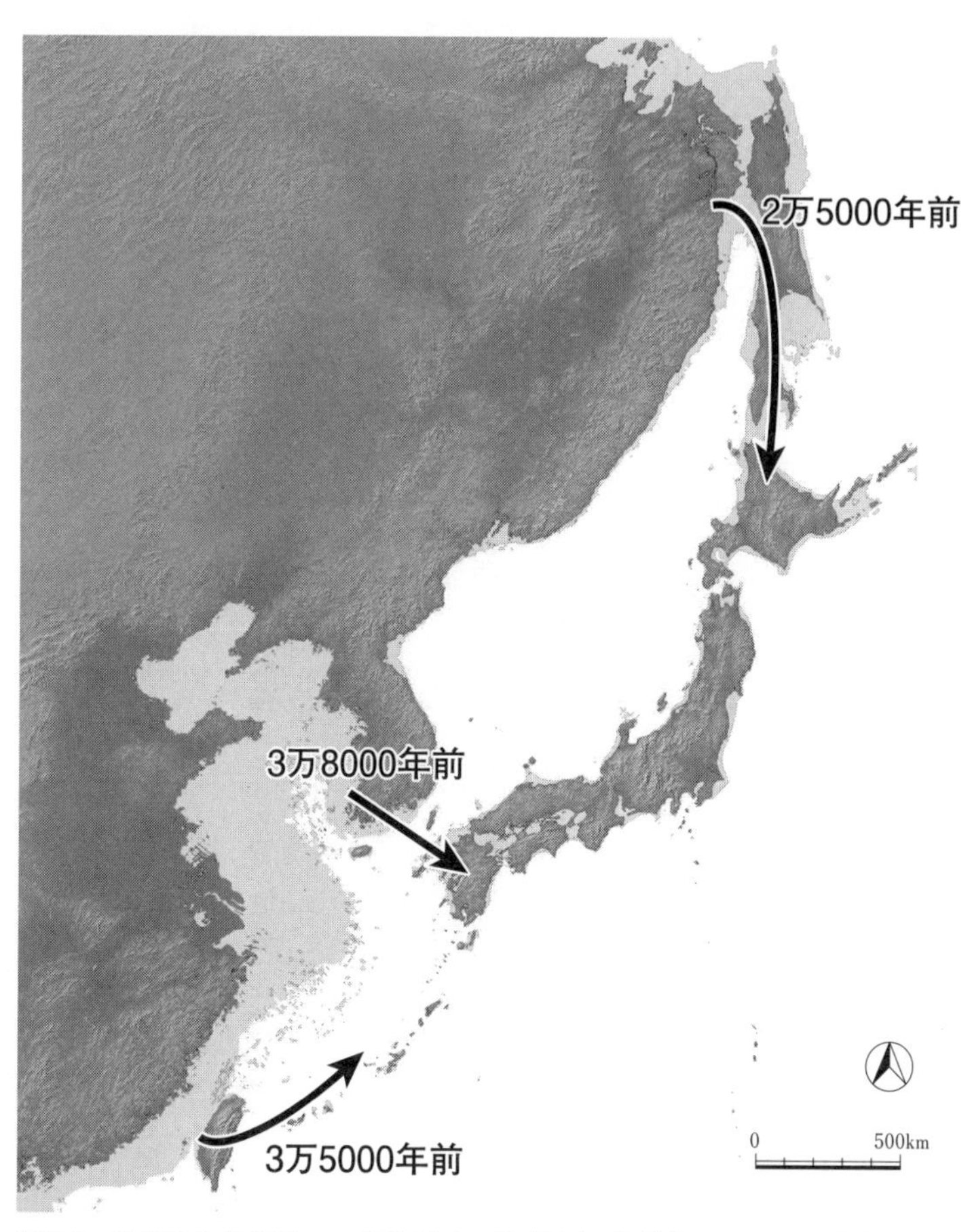

図4-1　推定される３万5000年前ごろの地理と日本列島への３つの渡来ルート（GeoMapAPPで作図）。

の時代の北海道は古北海道半島とよばれますが、この陸をつたってマンモスがやってきました。北海道でマンモスの化石が見つかるのはそのような事情があるのです。

ところが本州、四国、九州を見ると、津軽海峡や対馬海峡には当時も海があり、沖縄の島々は島々のままで、どこから来ようと海を渡らなければならない状況だったとわかります。本土の中でも、瀬戸内海や伊勢湾が存在せず陸続きであったなど変化が起きているのですが、基本的に日本列島の中心部は海で隔てられていたわけです。

遺跡の分布から見ますと、九州と本州の遺跡が一番古く、ホモ・サピエンスの最初の渡来は、朝鮮半島から対馬海峡を越えて達成されたと考えられます。それとは別に、おそらく台湾から渡ってきた流れが別にあったはずです。そして旧石器考古学の研究上では、時代は下りますが、二万五〇〇〇年前ごろに北方から新しい石器文化が入ってきたといわれています。

総合すると、大陸の三方から、少し違う時代に、おそらく異なる集団が日本列島に入ってきた様子が見えてきます。この中で一番太いパイプは、やはり朝鮮半島経由なのですが、移住ルートは一カ所ではないし、一回ではないということも想定されます。筆者らは、特に、渡るのが困難な琉球列島に注目しました。津軽海峡を越えるのも、対馬海峡を越えるのも、簡単ではないと思います。しかし広大な沖縄周辺の海を越えることの難易度がさらに高いのは明らかでしょう。ここにどうやって渡ってきたのか、現在、研究を深めています。

琉球列島への渡来

図4-2は琉球列島の遺跡地図で、一番北の種子島では約三万五〇〇〇年前の遺跡が二つ、知られています。奄美大島にもやはり約三万年前の遺跡が存在します。徳之島にも同じように、三万年前より少し古い遺跡があります。それから琉球列島の中央にある沖縄島にもいくつか古い遺跡がありますが、年代は三万五〇〇〇年ほど前にさかのぼりそうです。宮古島にも三万年前とされる遺跡があり、石垣島では、最近見つかった白保竿根田原(しらほさおねたばる)洞穴遺跡の最も古い人骨化石の年代が二万七五〇〇年前と出ています。

このように、それまで無人だった琉球列島の全域に、三万年前ごろになると突然、人がほとんどすべての島にいるという状況が生まれるのです。これはとてもおもしろい、衝撃的な事実だと思います。つまり、人びとが何か新しいことを始めたという強烈なサインに思えるのです。琉球列島の南部は石灰岩地帯であり、人骨化石が多数、見つかっており、渡ってきたのはホモ・サピエンスだとわかります。

一部、少し詳しく紹介しましょう。

まず沖縄島のサキタリ洞遺跡は精緻な調査がなされていて年代の信頼性が高い遺跡ですが、二〇一六年に発表された論文では、人類の活動痕跡が三万五〇〇〇年前ごろから見られるとされています。さらに海外メディアからも大きく注目された発見は、世界最古の釣り針です。貝

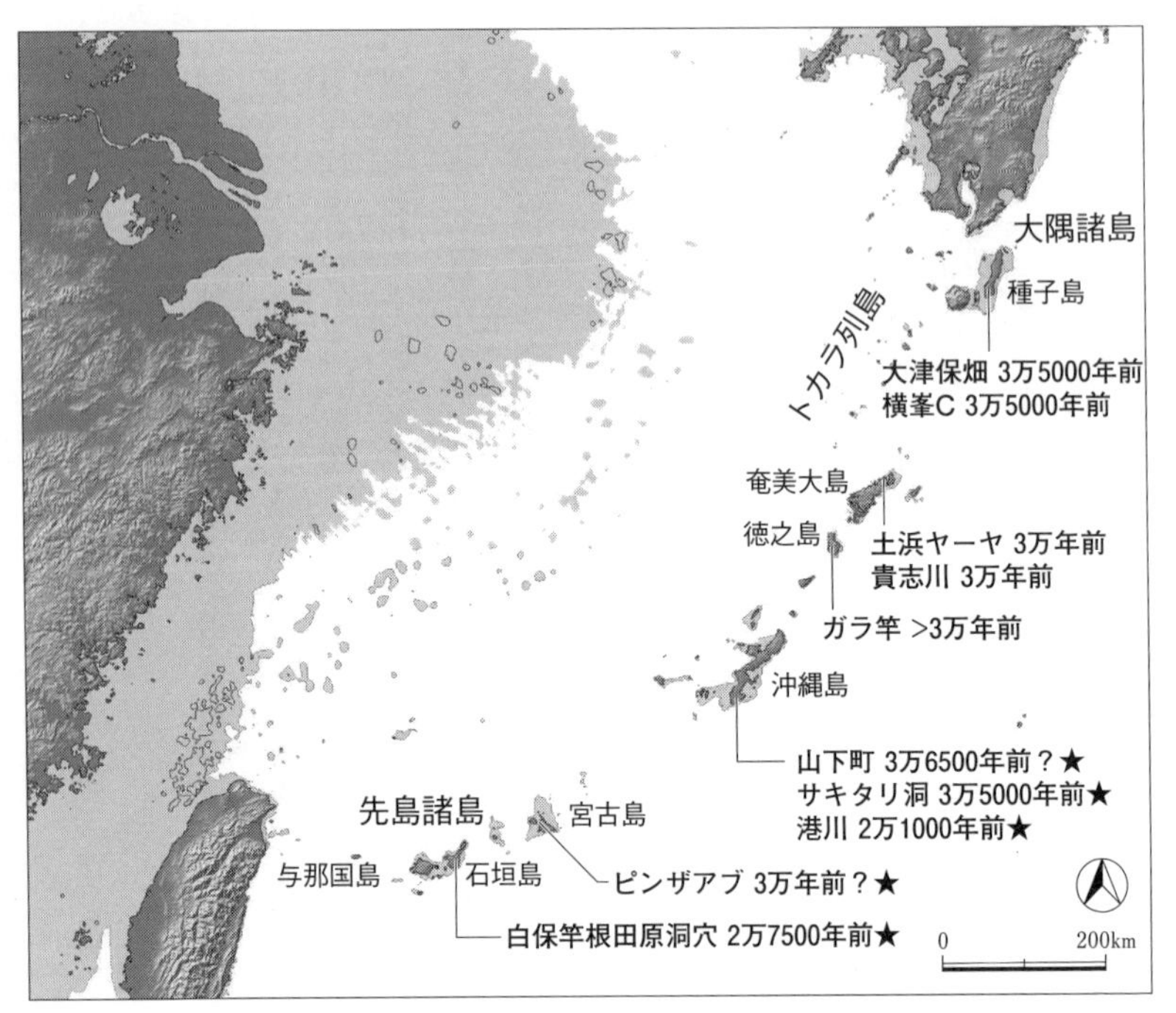

図4-2　２万年前より古い琉球列島の旧石器遺跡（遺跡名と年代値）。沖縄島以南の遺跡からは多数の人骨化石が発見されている（図中の★）。水深80メートルより浅いグレーの部分は概ね陸化していた（GeoMapAPPで作図）。

殻を削って作られた二万三〇〇〇年前のものでした。ティモール島でも同じか、やや新しい年代の釣り針が見つかっています。釣り針は、見えないところにいる水中の生き物を捕える画期的な道具で、そのような発明品が沖縄の古い遺跡で見つかったことには誰もが驚かされました。

沖縄南部の石垣島の白保竿根田原洞穴遺跡では、人骨化石が大量に発見されました。最古のものは約二万七五〇〇年前と報告されていますが、他にも多数の年代が測定され、二万年前クラスの人骨が多くあることが明らかです。

北部の種子島へ行きますと、少し様相が変わります。そこは土壌が日本本土と同じで、人骨など有機物が保存されにくい環境です。琉球列島南部のような石灰岩地帯ではないので、人骨が残らないのです。それでも人類が活動した痕跡として、石器のほか、焼けた石の集積が見つかっています。それがいくつも見つかっているので、焼石を使った料理をしていたのではないかと考えられています。また落とし穴と考えられる穴も多数、発見されています。これらの遺構が約三万年前に降下した火山灰の地層の下位にあるため、それより古いといえます。さらに遺構から採取した炭の年代が三万五〇〇〇年前―三万四〇〇〇年前という測定結果が出ました。結論としてはこれが遺跡の年代となります。

以上、三つの遺跡はいずれも年代測定がきちんとなされ、調査結果は信頼できるものです。他の遺跡からも信頼性の高い年代値が多数出ていますので、琉球列島の全域に少なくとも三万年前に人類がいたと、自信をもっていえます。

琉球列島の古地理

ところで、当時の琉球列島が、本当に大陸とつながっていなかったかどうか、きちんと検証する必要があります。少し前までは、台湾から連なる陸の橋があって、沖縄の旧石器時代人は大陸から歩いてここまで来たのだと本に書かれていました。しかし今では、いろいろな分野の最新の研究から、陸の橋があったという考えは全面的に否定されています。簡単に説明しましょう。

まず、この海域は非常に深く、たいていの場所は水深二〇〇～五〇〇メートルほどで、場所によっては一〇〇〇メートルに及ぶところもあります。二万年ほど前にここが陸だったら、現在までにそれだけ沈んだことになりますが、二万年間でこれだけ大規模な沈降が起こったとは、なかなか想像しづらいわけですが、それればかりか、琉球列島は過去一〇万年以上にわたってだんだん、持ち上がって隆起している地域なのです。つまり地質学的に見ると陸橋説の想定に矛盾することが起こっているのです。

地理関係を理解する際、直感的にわかりやすいのは動物の分布でしょう。島の動物はその島の歴史を表しています。九州にも台湾にも、私たちにとってなじみの深いサルやシカ、クマなどといった動物たちがいます。現在の沖縄の島にはこうした動物はいません。沖縄の島にいるのはアマミノクロウサギ、ヤンバルクイナ、イリオモテヤマネコなど固有種のグループです。

東アジアのメジャーな動物が棲息せず、島にしかいない生き物がいるわけで、それは長いあいだ、島が孤立していたことを物語っています。

一方で屋久島には、サルもシカもいます。謎のように思えますが、じつは答えは単純です。九州本土と屋久島のあいだの大隅海峡の水深は一一〇メートルで、二万年前ごろに海面が一三〇メートルも下がったときには、ここは九州とつながっていたと考えられます。屋久島と九州本土の動物を比べると、サルやシカだけでなく、ネズミからモグラまで種が同じなのだそうです。これは、かつて島がつながったところに動物が渡ってきたことを示しています。一方、屋久島より南のトカラ列島の島々には、こうした動物たちのセットは入っていません。当時、やはり海があったことになります。

沖縄島などにシカがいなかったと先に述べましたが、それは現在の動物相の中においてで、数万年前には沖縄にもシカがいました。ただし普通のシカに比べて、身体のサイズが非常に小さく特殊化した種類でした。動物学では、孤立した島で大型哺乳類が矮小化することが知られています。島嶼効果とよばれる現象ですが、沖縄のシカもその傾向に合致し、やはり沖縄は島だったということになります。

3　三万年前の航海

琉球列島と台湾を隔てた海

図4-1で、三万年前ごろの海面が八〇メートル下がった状態の琉球列島の古地形を示しました。この状況では台湾までは大陸から歩けますが、その先の琉球の島々は、少し面積が拡大しているとはいえ、やはり小さな島々で、全体としての様子は現在とあまり変わりがありません。旧石器人がここへ渡るには、いくつかの難関がありました。たとえば、台湾と与那国島は現在一一〇キロメートル離れていますが、当時は一〇五キロメートルほどです。この距離のほか、台湾の海岸からは与那国島が水平線の下で見えないというのが大きな問題なのです。宮古島と沖縄島のあいだでも同じです。この海峡は当時で二二〇キロメートルの距離があり、さらに大きな難関です。

もう一つのポイントは黒潮です。黒潮は世界最大の海流の一つで、速さが秒速一～二メートル、幅は拡大すると一〇〇キロメートルに及びます。いかに巨大かがすぐ想像できるかと思います。現在の黒潮のコースは、台湾と与那国島のあいだを北上して東シナ海に入り、トカラの海から東の太平洋に抜けています。この黒潮は、旧石器時代にも間違いなく存在しており、海底堆積物の調査やコンピュータ・シミュレーションなどの最新研究から、人類が沖縄に現れた当初も、台湾と与那国島のあいだを抜けて東シナ海へ流入していたことがほぼ確実です。その規模はまだ研究中ですが、いずれにせよ、このような巨大な海流があり、遠く見えないような海峡が横たわる難しい海に、人びとが乗り出していったことがはっきりしています。

祖先たちはどのようにしてこの海を渡ったのでしょうか。最初に考えなければいけないことは、彼らは偶然漂流して島にたどり着いたのか、あるいは意図的に航海したのかということです。

ポイントはいくつかあります。まず、この時期に海峡をつぎつぎと人が渡っている証拠が数多くあります。これまで説明した対馬海峡や沖縄のほか、神津島にも旧石器人が渡っています。もう少しさかのぼったころには、インドネシアの海を越えて、オーストラリアやニューギニアにも進出しています。これらすべてが漂流の結果というのは、少し無理があるように思えます。また、単なる冒険ではなく移住であるため、男女ともに行く必要があります。ある程度の集団で行かないと人口を維持できないので、それなりの集団で渡る、つまり、相当の数の人たちが島に渡る必要がありあます。そう考えると、漂流だけですべて説明するのは難しいのです。

このことを考える際、きわめて示唆的な証拠が先ほど述べた神津島への渡航です。伊豆諸島の神津島は良質の黒曜石を産出しますが、その黒曜石が本州の遺跡から見つかっているのです。一番古い遺跡は約三万八〇〇〇年前、つまり、人類が初めて日本列島に到来した直後から神津島の石が本州に運ばれていたことがわかります。これは今のところ、世界最古の往復航海の証拠であるとともに、意図的な航海の証拠と考えられます。つまり、少なくともこの地域では、意図的に海を渡る人たちがいたといえます。

ただし、神津島周辺では意図的に航海していたとしても、琉球列島では、黒潮が流れているのだから、この流れに乗って漂流した可能性があるかもしれません。そこで私たちは、台湾沖から黒潮に流されたら何が起こるかということを、国立台湾大学の海洋学者と一緒に調べました。

三万年前の航海をたどる

海洋学者が海流の実態を調べるために使っている漂流ブイというものがあります。衛星通信を使って記録されたその軌跡データを調べたところ、台湾沖を通過した漂流ブイは、めったに沖縄の島に着かないということが示されました。台湾から流されてトカラ列島や九州にたどり着くケースもありますが、そこへ行くまでには二〇〜三〇日かかることもわかりました。漂流説はじつはとても難しい仮説であることがわかってきます。

もう一つの課題は三万年前の黒潮がどう流れていたか。それは今、海洋学の専門家がスーパーコンピュータを使ったシミュレーションを行っています。結果が出るまでしばらく時間が必要ですが、そうした関連研究を並行して相互参照し、三万年前の環境を調べ、そのうえで旧石器人の海への挑戦を明らかにしていきたいと思っています。

旧石器人の謎を探る実験プロジェクト

旧石器人の航海がどのようなものだったのか、彼らが海でどのような困難に遭遇し、それらをどう乗り越えていったのでしょう。

前述の「三万年前の航海 徹底再現プロジェクト」では数年の期間で研究を進め、実験を繰り返してきました。旧石器時代の舟は何か、彼らがどのような状況でどのような作戦を立てて島を目指したのかを推定し、そのシナリオに沿って実験航海を行います。最後の実験航海は、琉球列島への南の入口にあたる、台湾→与那国島の海峡を選びました［口絵2-1］。

舟に関しては、遺跡に証拠がないため、当時の舟がどう作られたのか、直接的に知ることができません。民族例などを参照して草、竹、丸木と候補を絞り、それぞれを試作してテストしました。

旧石器時代の航海舟の条件として、以下の四つが考えられます。材料が地元で手に入ること、当時の技術で製作できること、海で十分な機能を発揮すること、後続の縄文時代の技術を超えないこと。実験しながらこれらすべてを満たす舟を探していきます。

旧石器時代の舟は、人力による漕ぎが主な推進力だったと考えられます。変動する風を自在に使いこなす技術の登場はかなり最近のことで、考古学的に帆が出てくる世界最古の証拠は、約五〇〇〇年前のエジプトとされています。日本でも縄文時代に帆の証拠はなく、弥生・古墳時代でもその明確な証拠はありません。だから、人類が初めて本格的に海に乗り出した、三万年以上前の旧石器時代の当初から、帆が主体の舟があるとは考えられないのです。帆があったとしても、あくまでも風向きがよいときだけ補助的に使われるものであったでしょう。

プロジェクトでは二〇一六年、最初に草の船を作り、与那国から西表島を目指すテストをしました。二〇一七、二〇一八年には台湾で竹の船を作り［図4-3］、緑島への渡航テストを実施しました。残念ながら、これらは失敗に終わりました。

そして最終的に、最後の候補である丸木舟を石斧で制作して、二〇一九年の初夏の時期に、台湾から与那国島を目指す実験航海に挑みました。それは、黒潮を越えて見えない与那国島を目指す難易度の高い挑戦でしたが、七月七日に台湾を出航した丸木舟は、四五時間をかけて、七月九日に無事、与那国島に到着して、実験プロジェクトを終了することができました。これにより、漕ぎ舟でも沖縄の島々に到達できることが、示されたと思います。さらにこの海を渡ることがいかに困難であるかを体感できたことは、プロジェクトのとても大きな成果でした。この経験をもとに、旧石器時代のホモ・サピエンスが世界へ大拡散した理由は、元の土地から避難したり追い出されたりといった受け身なものばかりではなく、むしろ、新しい世界に挑戦する心理があったのではないかと、考え始めています。

図4-3　2017年に台湾で製作・テストした竹筏舟。安定性に優れていたが黒潮を越えられるだけのスピードが出なかった（撮影・海部陽介）。

参考文献

池谷信之「世界最古の往復航海――後期旧石器時代初期に太平洋を越えて運ばれた神津島産黒曜石」『科学』八七、八四九―八五四、二〇一七年
小野林太郎『海の人類史――東南アジア・オセアニア海域の考古学(増補改訂版)』雄山閣、二〇一八年
海部陽介「人類最古段階の航海――その謎にどう迫るか?」『科学』八七、八三六―八四〇、二〇一七年
海部陽介「黒潮と対峙した3万年前の人類――航海プロジェクトから」『科学』八八、六〇四―六一〇、二〇一八年
海部陽介『日本人はどこから来たのか?』文春文庫、二〇一九年
海部陽介『サピエンス日本上陸――3万年前の大航海』講談社、二〇二〇年
後藤明「人類初期の舟技術――環太平洋地域を中心に」『科学』八七、八四一―八四八、二〇一七年
藤田祐樹『南の島のよくカニ食う旧石器人』岩波科学ライブラリー、二〇一九年

山崎真治『島に生きた旧石器人――沖縄の洞窟遺跡と人骨化石』シリーズ「遺跡を学ぶ」一〇四、新泉社、二〇一五年
横田洋三「古代日本における帆走の可能性について」『科学』八七、八五九―八六四、二〇一七年
横山祐典・藤田祐樹・太田英利「見直される琉球列島の陸橋化」『科学』八八、六一六―六二四、二〇一八年

5章

私たちの祖先と旧人たちとの関わり

――古代ゲノム研究最前線

高畑尚之

はじめに

すでに述べられているように、現生人類が生まれたのは約三〇万年前—二〇万年前のアフリカです。当時のアジアには原人や旧人がいました。フローレス原人は約五万年前まで、旧人は約四万年前まで生き残っていましたから、現生人類は誕生以来、長い期間にわたって原人や旧人と共存してきたことになります。そして地球上のどこかで出会いがあったときには交雑（交配）が起き、ゲノム、つまり生物学的な遺伝情報の混合も起きました。

生物の細胞には四種類の塩基が並んだＤＮＡがあります。ヒトの体細胞の核では一セットにつき塩基が三二億対並んでいます。全体を二セット一対の核ゲノムといい、二三対四六本の染色体（二二対の常染色体と一対の性染色体、女性はXが二本、男性はXYの染色体をもつ）の形をとっています。ゲノムのある特定の塩基配列部分が遺伝子ですが、その数は三万一〇〇〇個ほどで、ゲノムあたりのDNA量としては約二パーセントです。ゲノムは機能的には生命の設計図、進化的には上書きを重ねるパリンプセスト（羊皮紙の写本）と比喩されます。事実、私たちのゲノムには旧人ゲノムによる上書きがあります。この上書きは一部にすぎませんが、現生人類の歴史を復元するうえで比類のない情報を提供することがわかってきました。

ところで、ヒトは集団の中で暮らし、親から子へゲノムに書かれている遺伝情報が伝えられます。一対の染色体はそれぞれ両親に由来します。遺伝情報が伝えられるときには、染色体に部分的に組換えが起こります。また、一人一人のゲノムには、複製されるときや、傷がついたときに切断や挿入、塩基の置換などの変異が起こっています。これらを繰り返すことで集団内に多様性が現れ、その結果、他の集団と十分に隔たっている状況になれば分化したということになります。

このように、進化の単位は交配によって結びついた集団であり、進化の素材は集団内で親から子へと垂直に伝達する遺伝的な多様性です。しかし少人数の集団では、維持できる遺伝的な多様性に限度があります。したがって、往々にして起きるその枯渇が集団の絶滅に直結することがあります。古代ゲノム研究は、現生人類が面したそのような危機にあって旧人からの種を越えた上書きが変異を補完してくれたことも教えてくれます。

この章では異種間ゲノムの混合やネアンデルタール人の姉妹種であるデニソワ人の発見など、過去一〇年間に目覚ましい発展を遂げてきた古代ゲノム研究最前線を紹介します。この発展にはもちろん古代ゲノムのＤＮＡ配列を決める技術革新が基礎となっていますが、ここではもう一つの原動力である大量のＤＮＡ配列データを解析する新たな視点や理論的な発展にもできるだけ目を向けることにします。取り上げる旧人と現生人類の古人骨は合計で二〇余りです。これらの古人骨と関連した重要な出来事や年代を表5-1に示しました。また一〇ほどの人類集団の祖先関係や交雑の時期を図5-1で概観できるようにしました。

1　現生人類の第一次出アフリカ――約二〇万年前―一〇万年前

アルタイのデニソワ

古代ゲノム研究で一躍有名になったデニソワ洞窟は、アルタイ山脈のロシア側山麓にあります。二〇一〇年にデニソワ5号人骨（足の指骨）が発見されました。正確なゲノムＤＮＡ配列

海洋酸素同位体ステージ（MIS）	出来事	旧人 aDNA	現生人類 aDNA
1（1.4 万年前）			モタ（4500年前） アイスマン（5300年前） シュトゥットガルト（7000年前）
2（2.9 万年前）	最終氷河期		アフォントヴァゴラ（1.7万年前） マリタ（2.4万年前）
3（5.7 万年前）	現生人類とデニソワ交雑 東西ユーラシア集団分裂 現生人類とネアンデルタール交雑	後期ネアンデルタール（4.7-3.9 万年前）：フェルトホーファー 1,2、スピ、ゴイエ、レスコテス、メツマイスカヤ2 号、ヴィンディジャ 33.16 号、33.25 号、33.26 号 エルシドロン（4.9 万年前）	ゴイエ Q116-1号（3.5万年前） コスチョンキ 14号（3.7万年前） 田園洞人（4万年前） オアセ 1号（4万年前） ウスチ・イシム（4.5万年前）
4（7.1 万年前）	非アフリカ人ボトルネック 第二次出アフリカ	ヴィンディジャ 33.19 号（6.5-5 万年前） メツマイスカヤ 1 号（7-6 万年前）	
5（13 万年前）	ネアンデルタールとデニソワ交雑	デニソワ 3 号（7.6-5.2 万年前）、4 号（8.4-5.5 万年前）、11 号（11.8-7.9 万年前）、5 号（13-9.1 万年前）	スフール、カフゼー（12-9万年前）
6（19.1 万年前）	現生人類とネアンデルタール交雑 第一次出アフリカ	デニソワ 8 号（13.6-10.6 万年前）	ミスリヤ（19-18万年前）
7（24.3 万年前）		デニソワ2号（19.4-12.3 万年前）	
8（30 万年前）	現生人類誕生		ジェベル・イルード（30万年前）
12（約48-42.3万年前）	ネアンデルタールとデニソワ分岐	シマ・デ・ロス・ウエソス（>43万年前）	

表5- 1　古代ゲノム編年史（括弧内はおよその推定年代）
おもに核ゲノムのDNA配列が決定されている古人骨による推定だが、イスラエルのミスリヤ、スフール、カフゼーやモロッコのジェベル・イルードはDNA抽出に成功していない。デニソワ洞窟出土のデニソワ３号とデニソワ５号は、それぞれデニソワ人とアルタイ・ネアンデルタール人とよばれる。最も古い出アフリカの時期に関しては、古代ゲノムと考古学的年代推定に大きな差があるため、ここでは議論から除外している。それはドイツのホーレンシュタイン・シュターデル洞窟を含む18のネアンデルタール古人骨のミトコンドリアDNAがMIS8の深さに相当する多様性を有しており、ミスリヤの考古学的推定年代と10万年近い差があるためである。

が決まったのは、その四年後のことです。このとき得られた思いがけない知見の数々は、今日の古代ゲノム研究の一つの頂点をなすといってよいでしょう。デニソワ5号は、すでにデニソワ人と通称されていたデニソワ3号（手の指骨）とは異なって、ヨーロッパ各地で発見されているネアンデルタール人の仲間です（以下、デニソワのネアンデルタール人はアルタイ・ネアンデルタール、あるいは単にアルタイとよびます）。ネアンデルタール人はヨーロッパに限らずアルタイ山脈まで広く分布し、いくつかの集団に分かれていたのです。アルタイではX染色体のDNAを常染色体と同じように増幅することができたことから女性だったことがわかりました。

ここで染色体についてもう少し説明しておきましょう。みなさん一人一人の各体細胞内にある二セットの染色体は両親に由来しペアとなっています。相同染色体とよばれるものです。それは、両親に共通な祖先がもっていた一つの染色体に由来します。この共通祖先を介した相同染色体の同一性を「由来による一致」といいます。一致する確率は両親の近縁関係（最も近い共通祖先がいた時期とその数）を表します。たとえば、いとこ婚で生まれる子の直近の共通祖先はその三世代前の二人の曾祖父母です。このとき相同染色体が曾祖父母の四つの相同染色体のどれか一つに由来する確率は一六分の一（したがって突然変異を無視すればDNAの塩基配列が同じである確率も一六分の一）になります。ただし、この計算は曾祖父母も近親婚である可能性やそれ以外の共通祖先の存在は無視したものです。アルタイの相同染色体には、DNA配列がまったく同じである大きな領域がたくさん見つかっています。これは近親婚の証拠です。由来の一致確率を推定すると、叔父と姪、叔母と甥、二重いとこ、祖父と孫娘、祖母と孫息子などの関係（いとこ婚の二倍である八分の一）が推定されるほど高いものでした。

旧人集団の個体数変動

集団が保有する遺伝的多様性の程度は、集団の（繁殖）個体数に大きく依存します。一般に大集団は多型的、小集団は単型的になります。逆にいえば、遺伝的多様性の程度から集団の個体数を推定することが可能で、このような試みは前世紀から行われてきました。しかし古代ゲノム研究では、人骨はめったに発見されませんから、当時のゲノムを多数サンプルすることはほとんど不可能です。したがって、一個体がもつペアのゲノムからでも過去の個体数を推定できる方法が必要でした。また、ゲノムは（減数分裂のときに起こる）遺伝的組換えによって染色体の領域ごとに異なる祖先関係を示しますから、時間的に変動する個体数の推定にはこの情報を活用することが必要です。両方のニーズを満たしたのがＰＳＭＣ（Pairwise Sequentially Markovian Coalescent）法です。ペアの相同染色体ＤＮＡを小領域に区切り、端の小領域から逐次ある法則（マルコフ性）に従って合祖（コアレセンス）時間を推定する、という原理とアルゴリズムによるものです。合祖時間とは小領域でペアとなっているＤＮＡ配列が、最も近い共通祖先配列にさかのぼるまでの時間、つまり由来による一致が起きるまでの時間のことです。たとえば、いとこ婚の子の場合には、ゲノムの数ある合祖時間のうち一六分の一が三世代前です。

アルタイの場合は八分の一が一・五世代前です。

家系図がないと、このように合祖時間を直接測ることはできないのですが、DNA配列間の変異の違いとして推定することは可能です。残りの確率はもっと古い時間に対応します。このような理論によれば、たとえば、個体数が一万の自由交配している集団では平均合祖時間は二万世代になります。一世代が三〇年とすれば六〇万年です。つまりペアのヒトゲノムは平均六〇万年のパリンプセストであり、長い期間にわたってさまざまな交配を重ねた結果が表現されたものといってよいでしょう。このような遠い過去の歴史を復元するPSMC法は古代ゲノム研究にきわめて有効なのですが、欠点もあります。それは二つのゲノムしか用いないために、近い過去の情報が得難いことです。

PSMC法によって推測された、ネアンデルタール人集団やデニソワ人集団の個体数変動はとても興味深いものでした。それによれば、彼らは五〇万年前以前に現生人類の祖先集団と別れて以来、一度も個体数が増加したことがなく、四万年前ごろの絶滅に向かう様子が鮮明です[口絵4-1]。このように長い期間にわたって個体数の少ない集団では、アルタイ・ネアンデルタールの両親のように近親婚が行われていたとしても不思議ではありません。旧人の個体数は現生人類と出会う前でも増加したことはなかったとされています。であれば、彼らの絶滅の原因は現生人類との生存競争の結果ではなかった可能性が高いのではないでしょうか。小集団に蓄積した有害変異が原因かもしれません。

一方、私たち現生人類の人口動態についても推測がなされています。さまざまな非アフリカ集団（ヨーロッパ、アジア、オセアニア、アメリカ先住民などの集団）の個体数は三〇万年前―二〇万年前ごろになると共通のピークを示し、それより前はアフリカ集団も含めて全体が一つの集団のように変化したようです。このパターンはこれらすべての集団が一つの共通祖先集団に由来することを示しています。現生人類が約三〇万年前のアフリカで誕生したとすれば当然の結果です。さらに、非アフリカ集団では一〇万年前ごろから個体数が減少し始め、後述する「第二次出アフリカ」後にあたる六万年前―四万年前には極小になります。この状態をボトルネックといいます。人口が少ないとドリフト（遺伝的浮動、個体が残す子どもの数に偶然的なばらつきがあることによって集団内の変異量がランダムに変動し、偏りが生じやすくなる現象）の影響が強まり、遺伝的多様性は大幅に減少したことをうかがわせます。

現生人類からネアンデルタール人への遺伝的浸透

ゲノムのＤＮＡ配列を比較すると、ゲノム間あるいは集団間の分岐時間を推定することができます。データから観察できる突然変異数はＤＮＡ配列が分岐してから蓄積した変異の数ですから、時間推定には変異率を知る必要があります。また、集団間の分岐時間はＤＮＡ配列間の分岐時間と密接に関係してはいますが、ふつう後者のほうが前者よりもはるかに古いということを考慮する必要があります。最近では、このようなあり方をベイズ統計という方法を使って評価する試みが盛んです。それによれば、図5-1にあるように、デニソワ人とネアンデルタール人集団の分岐は四七万年前―三八万年前、これら旧人と現生人類集団の分岐は七七万年前―五五万年前と推定されています。この期間を通して、共存している集団間で交雑が起き、遺伝情報の浸透（ゲノムのイントログレッション）が起きました。浸透が起きたゲノムの状態を混合（アドミックスチャー）といいます。

二〇一五年までに明らかになっていたゲノムの浸透は、旧人から現生人類または旧人集団間に限られていて、現生人類の祖先から旧人に浸透した例は見つかっていませんでした。もし現生人類からネアンデルタール人にゲノムの浸透があったとすれば、ネアンデルタール人のゲノムは由来が異なるDNA断片のモザイクになっているはずです。交雑第一代の相同染色体は片方すべてがネアンデルタール人由来、もう片方すべてが現生人類由来となるはずです。しかし一世代の間でも各染色体の一～二カ所で組換えが起きます。したがって第二代の染色体は、ネアンデルタール人と現生人類の染色体がすでに二、三に断片化してモザイク状をなしています。その後の変化はどのような交配が起きるかによります。もしネアンデルタール人同士の交配になれば、現生人類由来のDNAは薄まります。同時に、組換えによって断片数が増すとともに各々の断片の長さは短くなります。ですので、DNA断片の数や長さから、交雑が起きた時期を推定することができるわけです。

いずれにしても、現生人類由来のDNA断片をネアンデルタール人のゲノム中に見つけるに

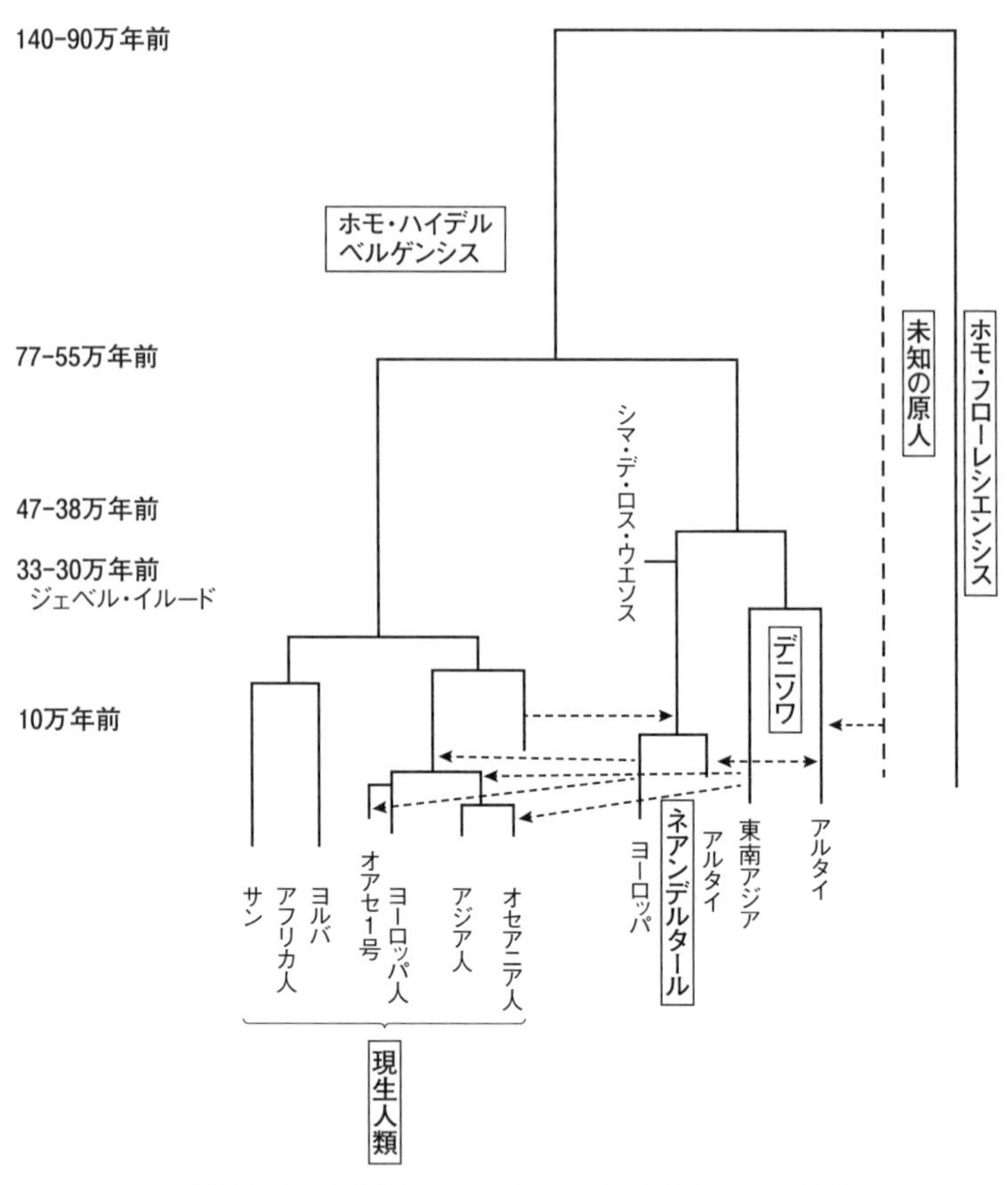

図5-1 中期更新世（78万年前）以降における人類集団の由来関係
点線は交雑によるゲノムの混合とその方向。枝の長さは分岐年代に正確には比例していない
図版出典

Meyer, M., et al., Nuclear ＤＮＡ sequences from the Middle Pleistocene Sima de los Huesos hominins. *Nature* 513:504−507. 2016.
Mondal, M., et al., Approximate Bayesian computation with deep learning supports a third archaic introgression in Asia and Oceania. Nat. Communications 10:246|https://doi.org/1038/s41467-018-08089-7. 2019.

あたっては、デニソワ人との比較が有効です。ネアンデルタール人との違いは小さいが、現生人類のゲノム浸透を受けていないデニソワ人とは大きく異なる領域を見つければよいことになります［図5-2］。いわばネアンデルタール人のゲノムを現生人類のゲノムによってアノテーションする（注釈を付す）わけです。こうしてアルタイ・ネアンデルタールのゲノムを探索したところ、〇・一〜二・一パーセントが現生人類由来であること、また交雑の時期はアルタイの年代やのちにふれる分子時計をふまえると遅くとも一〇万年前と推定されたのです。

アルタイ地方のネアンデルタール人集団はヨーロッパのネアンデルタール人集団とは遺伝的に異なっています。クロアチアのヴィンディジャ洞窟出土人骨のデータとの比較によれば、両集団が分岐したのは一四万年前─一三万年前と推定されています。したがって、もしアルタイ地方のネアンデルタール人集団のみが現生人類と交雑したのであれば、その時期は一四万年前─一〇万年前の期間になります。それは、従来考えられていた現生人類の出アフリカよりもはるかに古く、少なくとも二回以上の出アフリカがあったことを示します。

交雑の場所はどこだったのでしょう。一四万年前─一〇万年前に現生人類とネアンデルタール人が出会えた場所はそれほど多くはありません。考古学的資料から得られる有力な候補地は、両者の同時代の遺跡がある西アジアのレヴァント地方です。イスラエルのスフールやカフゼー洞窟で一二万年前─九万年前の現生人類遺跡が見つかっています。

では、交雑後に何が起きたのでしょう。考えられる一つの可能性は、この先発的な第一次出

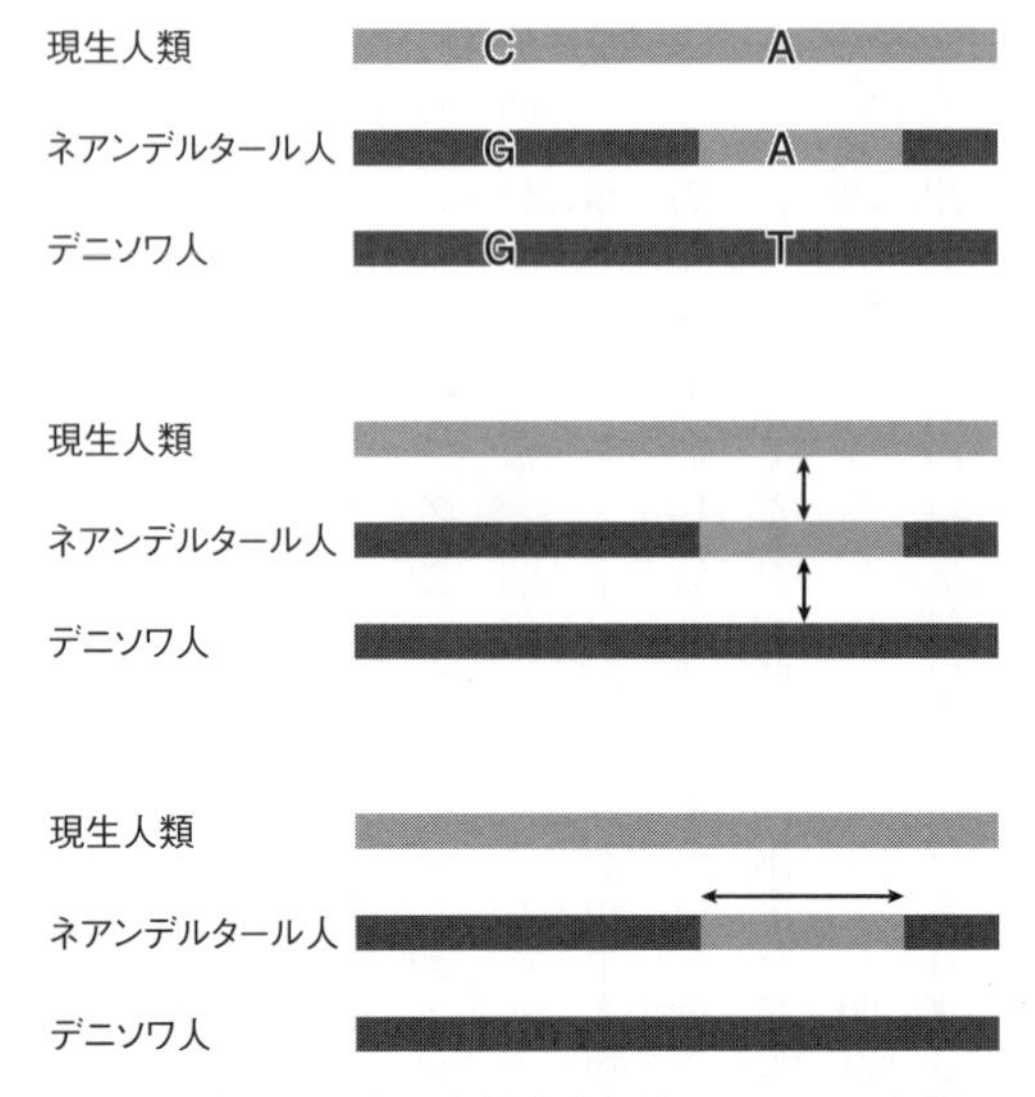

図5-2　断片化した混合ゲノム領域を検出するための３つの条件
上段　現生人類とネアンデルタール人は派生型変異（ここではA）を共有するのに対して、デニソワ人は祖先型変異（ここではT）をもつような塩基座位のある場所は、現生人類からネアンデルタール人への浸透の可能性が高い領域。
中段　現生人類とネアンデルタール人のDNA配列の相違は小さいが、デニソワ人とは大きい領域。
下段　アルタイ・ネアンデルタールの混合をテストする場合には、その混合時期がアルタイの推定年代である約10万年以前であることからDNA断片の長さは約0.025センチモルガン（2万2500塩基座位相当）となる領域。上の方法は参照するアルタイのゲノム配列があるときに利用できる。参照するゲノム配列がないときは、異種の特異的な配列を検出する別の方法も開発されている。この図はもともと非アフリカ人に浸透したネアンデルタールゲノムを検出したときのもの。そのときにはネアンデルタール人、テストする非アフリカ人、アフリカ人のゲノムを各段で順に並べて比較する。
図版出典
Sankararaman, S., et al., The genomic landscape of Neanderthal ancestry in present-day humans. *Nature* 507: 354–357. 2014.

アフリカ集団の一部が、いわゆる南回りルート、つまり西アジアからインド、東南アジアを経由して、サフル（ニューギニアとオーストラリア）にまで到達したというものです。中国湖南省道県にある福岩洞では少なくとも八万年前の現生人類の歯が見つかっています。また、現生人類的な石器が見つかっているオーストラリア北部にあるマジェドべべ遺跡は約六万五〇〇〇年前といいます（ただし、これらの古い年代の信憑性については考古学者のあいだで意見が分かれています）。いずれにしてもその一方で、現生人類から浸透したゲノムがアルタイ・ネアンデルタールで見つかったのですから、レヴァント地方で交雑したネアンデルタール人の子孫は北東に直線距離で約四五〇〇キロメートル移動し、アルタイ山脈にまで到達していたことになります。

しかし、事情はそう単純ではないかもしれません。二〇一七年にはヴィンディジャ33・19号人骨の正確なゲノムDNA配列が決まりました。その結果は意外なものでした。つまり現生人類からのゲノム浸透はアルタイに限ったことではなく、ヨーロッパのヴィンディジャにも共通したことだったといいます。もしこれが正しければ、交雑の時期は一四万年前―一三万年前より前であったはずです。最初の出アフリカの時期と交雑の場所（たとえばイスラエルのミスリヤ洞窟はその候補です。表5－1）、その後の移動、またのちに述べるシマ・デ・ロス・ウエソス（骨の穴）を除くすべてのネアンデルタール人のミトコンドリアDNAの置換についても再考すべきことになりますが、ここではこの指摘だけにとどめます。

死ぬと動く時計・止まる時計

以上、現生人類の最初の出アフリカについて、さまざまな年代に触れながら述べてきました。太古の出来事の年代を推定することはゲノム研究においても重要なテーマですので、その方法について述べておきます。考古学で広く用いられている放射性炭素年代測定（炭素同位体14を用いる方法）は死ぬと動き出す時計です。炭素14は大気上層で中性子が窒素原子核に衝突することによって生成されます。その存在比率はほぼ一定です（実際には炭素14の存在比率は太陽周期や地磁気の変化によって変わるため、較正する必要があります）。動植物の生体内でも原則として一定ですが、死ぬと同位体の補給が止まり崩壊だけが進むため、その存在比率は下がり始めます。つまり、死んでから時を刻むようになります。比率が半減するのは五七三〇年ごとですから、試料の千分の一（一〇回の半減回数に相当）まで計測できるとすれば、そのバッテリー寿命は五万年〜六万年（実際には五万年が限度）といえます。

一方、ゲノムに起きる突然変異の大部分は、複製や損傷を修復するときに起こるエラーです。複製や修復は生物が生きているときにしか起きないので、死ぬとエラーの蓄積は止まります。すでに前世紀の半ばごろには、たんぱく質や遺伝子ＤＮＡに起きるアミノ酸やＤＮＡの変化速度が大まかには一定であることが知られていました。これを分子時計といいます。死ぬと止まる時計です。しかし限られた比較しかできなかったため、分子時計の精度は粗いものでした。

短い配列から速度を推定するには系統的に遠縁の生物と比較するのが安全ですが、そうすると速度の一定性が保証できなくなる恐れが出てきます。遠縁の種では往々にして変化速度が異なっているからです。他にもいろいろな仮定が必要です。

しかしゲノムを用いれば桁違いに確度の高い比較が可能です。たとえば一カ所のＤＮＡ塩基座位で起きるエラーを塩基置換とか点突然変異といいますが、ゲノムのデータでは何百万、何千万の塩基座位での比較が可能です。このような大量の比較ができれば、親子のあいだに蓄積した突然変異の数からでも、変化速度を計算することが可能です。実際このような推定が行われており、ヒトでは塩基座位あたり一年で約0.5×10^{-9}が変異することが知られています。ヒトゲノムを構成する全塩基数（ＤＮＡの総数）は三二億個ですので、一年あたりの突然変異数でもゲノムあたりでは一・六個になります。子どもを作るまでの時間が三〇年ならば、一世代のあいだにゲノムあたり四八個の変異が生じるはずです。多いようですが、まだ大きな推定誤差を伴います（第一次近似モデルによれば誤差は約七です）。親子よりも遠縁の人のゲノムを比較すれば、もっとよい推定ができます。たとえば現代人と一万年前の祖先のゲノムが比較できれば一万六〇〇〇個もの違いがあるはずです。そうしたデータが蓄積されれば変化速度の推定値はさらに精度の高いものになるでしょう。

2　現生人類の第二次出アフリカ——約一〇万年前—五万年前

後期ネアンデルタール人との出会いと混合

ドイツのフェルトホーファー、ベルギーのスピやゴイエ、フランスのレスコテス、スペインのエルシドロン、クロアチアのヴィンディジャ、ロシアのメツマイスカヤなどの遺跡から中部旧石器時代後半のネアンデルタール人骨が見つかっています。これらを後期ネアンデルタール人として扱います［表5-1］。ヴィンディジャ33・19号やメツマイスカヤ1号はこれらよりも少し古く、約五万年前以前のものです。

ネアンデルタール人はアルタイ山脈からヨーロッパ全土に及ぶ西ユーラシア大陸に分布していたことから、移動は頻繁にあったものの集団間の遺伝的分化は進んでいたと考えられます。先述したように、アルタイ・ネアンデルタールとメツマイスカヤ1号はかなり遺伝的に離れており、一四万年前—一三万年前には分岐していました。

ネアンデルタールゲノムが現生人類の非アフリカ集団へ浸透していたことは、二〇一〇年にヴィンディジャの後期ネアンデルタール人骨（33・16号、33・25号、33・26号）のゲノムDNA配列が粗く決定されたときからすでに知られていました。しかし、交雑の相手や時期、あるいは浸透したゲノムの混合率は不明でした。それを理解するには、旧人ゲノムの正確なDNA配列の決定と、さまざまな後期ネアンデルタールゲノムとの比較が必要でした。ところが、二〇一四年になって正確なアルタイ・ネアンデルタールのDNA配列が、二五の現代人、メツマイスカヤ1号、ヴィンディジャ三個体、デニソワ3号と比較されました。その結果、現生人類の非アフリカ集団に見られるネアンデルタールゲノムの混合率は共通して一・五～二・一パーセントであることや、浸透しているネアンデルタールゲノムはアルタイよりもコーカサス地方のメツマイスカヤ1号に近いことが明らかになったのです。

このことは、メツマイスカヤ1号に近縁な集団との交雑が第一次出アフリカのときではなく、その後の第二次出アフリカのときに起きた確かな証拠と考えられます。第二次出アフリカは五万八〇〇〇年前、交雑は五万四〇〇〇年前—四万九〇〇〇年前、東西ユーラシア集団の分離は五万二〇〇〇年前—四万六〇〇〇年前と推定されています。すでに述べたように交雑が起きたときの非アフリカ（祖先ユーラシア）集団はボトルネックの状態でしたから、ネアンデルタール人から浸透したゲノムは高い頻度で受け継がれたといえます。

ウスチ・イシム

二〇〇八年に西シベリアのウスチ・イシム（デニソワ洞窟から北西約一二〇〇キロ）から男性の大腿骨骨幹部が発見されました。四万五〇〇〇年前の上部旧石器時代の現生人類です。アフリカと中東以外で発見された最も古い現生人類の人骨の一つですが、そのゲノムの研究によればウスチ・イシムは第二次出アフリカ後間もないころの祖先ユーラシア集団に属していたと考えられます。ミトコンドリアDNA（Rタイプ）やY染色体（Kタイプ）の研究も同様の結果を支持します。

口絵4-2は**口絵4-1**と同じく、さまざまな地域集団とウスチ・イシムのゲノムから推定した個体数変動です。ここでウスチ・イシムが今でも生きているかのごとく誤った個体数変動をプロットすると（赤い線）、非アフリカ集団とははっきりしたズレが生じます。そこでウスチ・イシムを非アフリカ集団と同じ個体数変動を示すように右にシフトします（青い線）。この線の左端も現在から過去にズレますが、この正しくズレた部分が死後に蓄積が止まった——四万五〇〇〇年間生きていれば蓄積するはずだった——突然変異に相当します。現代人とともに分子系統樹を描くと、この分だけウスチ・イシムへの枝の長さが短縮します。この結果から推定された常染色体ゲノムの点突然変異率は、親子のゲノムから直接推定した率とほぼ等しくなったのです。

ウスチ・イシムには、他の非アフリカ人と同様にネアンデルタール人からのゲノムの浸透があります。そのDNA断片の大きさから交雑の時期を推定すると約五万二〇〇〇年前となります。これは前出の組換えを利用した年代推定法で、今後このように使われている時計を組換え時計とよびます（組換え時計は、一〇〇〇世代以内の比較的最近の年代推定に適しています）。またウスチ・イシムはどの非アフリカ集団からも同じような遺伝距離を示しています。これらのことからウスチ・イシムは、祖先ユーラシア集団が交雑ののち東西に分裂した時期の現生人類であり、アルタイ山脈に向かった上部旧石器時代の集団と関係があったと推測されます。

マリタボーイ

レヴァント地域の上部旧石器文化は五万年前―四万六〇〇〇年前に始まるとされています（1章参照）。この文化を特徴づける石刃技法が東南アジアやオーストラリアで見られないことは、この技法が東西分裂後間もない西ユーラシア集団で発達したためかもしれません。技法の拡散がヒトの移動を基礎に起きたとすれば、新しい石刃技法の拡散は西ユーラシア集団の拡散と同じルートをたどったことが予想されます。この予想は、マリタボーイと愛称される古人骨が属する「古代北ユーラシア集団」（西ユーラシア集団の最北東部の集団）でも同じような技術が見られることと一致します。

マリタボーイはシベリア南部、バイカル湖近辺のベラヤ川沿いから発掘された男の子の骨で、推定年代は約二万四〇〇〇年前です。ミトコンドリアDNAはヨーロッパの上部旧石器時代と中石器時代人骨と同じタイプ（U）で、Y染色体は現在の西ユーラシア型でありアメリカ先住民の祖先型といわれるタイプ（R）に該当します。アメリカ先住民の常染色体DNAのうち一四〜三八パーセントがマリタと共通しているといいます。マリタが次に近いのは、東アジアではなく北東ヨーロッパや北西シベリアの人びとです。このような遺伝的関係は、エニセイ川沿いのアフォントヴァゴラ遺跡（約一万七〇〇〇年前）でも見られることから、この地域には上部旧石器時代以降、「古代北ユーラシア集団」が居住していたと考えられます。

マリタボーイの分析結果は、アメリカ先住民やヨーロッパ人と密接な関係にある集団が東北アジアの旧石器時代にいたという想定を実証するものでした。彼ら、すなわち古代北ユーラシア集団はヨーロッパ集団の形成に関わり、さらにシベリアを越えて東へ移住し、ベーリング陸橋を渡ってアメリカ先住民を生んだ集団のDNAに関与したと考えられます。一方、東アジアでは古代北ユーラシア集団の痕跡が現在見られないことから、大規模な集団の入れ替えがあったようです。

四集団テスト

集団の遺伝的な近縁関係を探るには、ゲノムの混合のあるなしの判定、あるいはその比率が重要なポイントとなります。頻繁に利用されているのが「四集団テスト」とよばれる統計的な方法です。ここで概要を説明しておきます〔図5-3〕。

その一つであるD－統計量テストは二つの集団のどちらが第三の集団とより近縁であるかを、それらの外群である第四の集団とともに評価するものです。四集団 *W X Y Z* のゲノムがあった場合、*Y* はB型変異で *Z* はA型変異というように、*Y* と *Z* が異なる変異を有する場合に制限して次のような条件を満たす塩基座位をカウントします。たとえばAとBは祖先型変異0と派生型（新しく生じた）変異1をとる塩基座位の状態であるとすると、*W X Y Z* の組み合わせは、BABAでは1010、ABBAでは0110になります。BABAでは *W* と *Y* が変異を共有、ABBAでは *X* と *Y* が変異を共有しているので、それぞれ *W* と *Y* および *X* と *Y* の近縁関係を支持します。データの解析ではこれらの数を n_{BABA} と n_{ABBA} とカウントし、$D=(n_{BABA}-n_{ABBA})/(n_{BABA}+n_{ABBA})$ と定義される量を求め、その統計的な有意性をテストします。

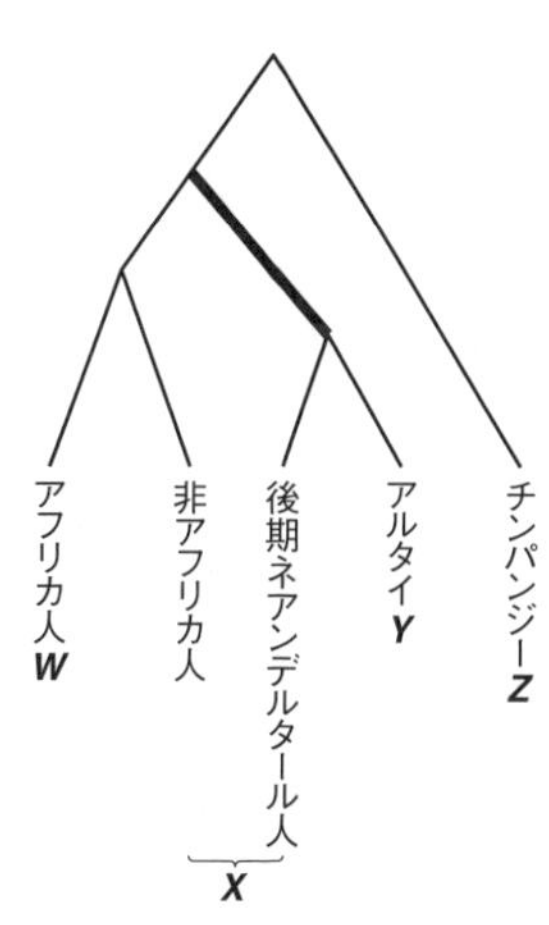

図5-3　４集団テスト
非アフリカ人における後期ネアンデルタールゲノムの混合を推定するために用いるゲノムの例。太線は*W*から*X*と*Y*から*Z*に至る祖先経路で「共有される祖先集団」、「共有されるドリフト」を表している。

たとえば、ネアンデルタール人（Y）のDNAがアフリカ人（W）よりも非アフリカ人（X）に多く混合していることを示すには、チンパンジー（Z）を外群に加えてYに近縁な集団はWかXかをテストします。統計的に有意に$D<0$つまり$n_{BABA}<n_{ABBA}$ならば、非アフリカ人はアフリカ人よりもネアンデルタール人に近いと判断します。

D－統計量からは混合率の推定はできません。それにはDによく似た$f_4(W,X;Y,Z)=(W-X)(Y-Z)$を使います。四つの変数はそれぞれの集団におけるある塩基座位での変異1の頻度です。右辺はWからXに至る祖先経路で起きた頻度変化と、YからZに至る祖先経路で起きた頻度変化の積の平均値を表しています。祖先経路は方向も加味しているため、右辺の符号に影響します。頻度といっても各座位での変異は0か1の二状態しかないので、基本的にはDと同じように変異1をカウントすることになります。ところで、変異が自然選択に中立で二つの祖先経路に重なりがない場合には、右辺はドリフト（遺伝子浮動）の理論から0になるので、祖先経路の重なる部分だけを考えればよいことになります。この重なり部分を「共有されるドリフト」といいますが、意味としては「共通の祖先集団」と考えれば十分です。

Dと同じように、Wにアフリカ人、Xに非アフリカ人、Yにアルタイ、Zにチンパンジーをとります［図5−3］。もし四集団の祖先経路に重なりがなければ$f_4=0$です。しかしXとして後期ネアンデルタール人を比較すると、明らかに異なる祖先経路となって重なりが生じます。同じ理由から、もし非アフリカ人に後期ネアンデルタール人からゲノムの混合がある率であったとすると、この割合だけアフリカ人から非アフリカ人に至る経路はアフリカ人から後期ネアンデルタール人に至る経路と同じになります。こうして右辺の平均を多数の塩基座位で求め、Xに後期ネアンデルタール人（たとえばヴィンディジャ33・19号）をとった場合を基準に比べて混合率αを推定していくのです。

3 ヨーロッパ現生人類集団の形成

基底部ユーラシア集団

現生人類は約四万五〇〇〇年前ごろにヨーロッパ大陸に到着した後、最終氷期（海洋酸素同位体ステージ2、約二万九〇〇〇年前―一万四〇〇〇年前）も含めてこの大陸を離れることはありませんでした。この期間に相当する古代ゲノム研究で用いられた現生人類の古人骨は、ウスチ・イシム、オアセ1号、コスチョンキ14号、マリタ、アファントヴァゴラのほかに、レヴァントから三二体、イランから一二体、アナトリアから二五体、コーカサスから一九体、ヨーロッパから一四二体、ユーラシアステップから五七体にのぼり、ヨーロッパにおける集団の歴史的変遷を明らかにするうえで重要な役割を果たしています。

完新世におけるヨーロッパの狩猟採集民や初期農耕民の古代ゲノムを現ヨーロッパ人のゲノムと比べると、彼らは特異な遺伝要素を共有していることがわかります。そうした要素をもつ集団は、第二次出アフリカ後に起きたネアンデルタール人との交雑よりも前にすでに分離していたと想定されるため、「基底部ユーラシア集団」ともよばれています。最近の年代推定では約八万年前に分岐したとされていますから、第二次出アフリカよりはるかに前のことです。この集団に該当する現生人類人骨は出土していませんので、存在は仮想的であるものの、DNA解析は西ユーラシアにこの遺伝要素をもつ多くの集団があることを示します。もしこの基底部ユーラシア集団が新石器時代になって現ヨーロッパ集団の形成に直接的あるいは間接的に寄与したならば、ヨーロッパ人に浸透したネアンデルタールゲノムは希釈されてアジア人よりも低くなる一因となります。また基底部ユーラシア集団の故地は中東か北アフリカが候補地ですが、中東だとすれば驚きです。中東はネアンデルタール人との交雑が起きた最も有力な場所であり、そこにその混合のない集団が共存していたことになるからです。

上部旧石器時代の東ヨーロッパ

四万五〇〇〇年前―三万七〇〇〇年前ごろ、上部旧石器時代初めのユーラシアには、遺伝的に異なるいくつかの集団が存在していました。一つはウスチ・イシムが属した集団で、子孫は残していません。同様にルーマニアのオアセ1号（約四万二〇〇〇年前―三万七〇〇〇年前）も現ユーラシア集団からはすでに分離した集団に属していました。オアセ1号のゲノムの八～一一パーセントはネアンデルタール人由来です。特に五〇センチモルガン（一センチモルガンは一パーセントの組換え率のことで、ヒトの場合には男女を平均すると約九〇万塩基に相当）に及ぶ三つの大きなネアンデルタール染色体断片があることは、組換え時計によればオアセ1号の四―六世代前に新たな交雑が起きたことを示します。しかしこの浸透したゲノムをもつ集団は現存しないことから、オアセ1号の子孫集団も絶えたと考えられます。

一方、約三万七〇〇〇年前のコスチョンキ14号は、ヨーロッパの初期狩猟採集民に属しています。コスチョンキ14号はロシア南西部の東ヨーロッパ平原で発見された男性の古人骨で、ベルギーの狩猟採集民（約三万五〇〇〇年前のゴイエQ116―1号）と近縁な関係にあります。コスチョンキ14号にも三〇〇万塩基に及ぶネアンデルタール人由来のゲノム断片があり、第二次出アフリカ後に独自に交雑した可能性を示します。三万三〇〇〇年前ごろになると、コスチョンキ近くまで移動した狩猟採集民がグラヴェット文化を発展させ、西ヨーロッパに逆流します。グラヴェット文化は一万年以上続きました。

新石器時代の農耕民拡散

最終氷期後に起きた最初の大規模な移住は、農耕民によるものでした。彼らは、グラヴェット文化やその後のイベリア半島起源のマドレーヌ文化をもった採集狩猟民とは遺伝的に異なり、レヴァントや中東にルーツをもっていました。アルプスで偶然発見された約五三〇〇年前の天然ミイラ（アイスマン）は、そうした移住農耕集団の一人です。そのゲノムは在地狩猟採集民とは大きく異なり、ヨーロッパ初期農耕民の直系であるサルデーニャ人に近いものです。

もともとヨーロッパの初期農耕民は西ユーラシア集団の狩猟採集民から派生しましたが、そのゲノムの四四パーセントは基底部ユーラシア集団に由来するといいます（ただし、こうした推定は仮定や方法に強く依存するのが常です。混合率は一〇パーセント未満とする別の推定もあり、さらに検討が必要です）。

農耕牧畜が始まった新石器時代の初めには、ヨーロッパ中部と西部に二つの狩猟採集民集団、またレヴァントとイランに二つの農耕民集団が存在していました。その後これらの集団が複雑に混じり合いながら、今日のヨーロッパ集団を形成していきます。このプロセスの解明には、マリタ、アフォントヴァゴラなどの旧石器時代遺跡の古人骨、さらにはヨーロッパや中東の初期農耕民と狩猟採集民およびコーカサス地方ステップ狩猟採集民などの古代ゲノムに加えて、西ユーラシアに住む二〇〇〇人以上の現代人のゲノムが用いられました。

ヨーロッパ人の起源に関するこの大量のデータ解析には、統計学的手法である主成分分析が大きな役割を果たしました。主成分分析では、第一成分がヨーロッパと中東という東西の二集団を区分し、第二成分が南北の集団間の連続的な変化（遺伝的勾配）を浮かび上がらせることに成功しました。これは現代人のゲノム分析で明らかになったことですが、この上にさまざまな時代の古代ゲノムを投影すると、西ユーラシア集団をベースとして、そこに基底部ユーラシア集団と古代北ユーラシア集団の遺伝要素が直接的、間接的に加わってきたプロセスがわかってきたのです。

最初に移動してきたのは、西ヨーロッパの狩猟採集民です。次にアナトリアやレヴァント、あるいはイランの農耕民が先住の狩猟採集民と交配しながら侵入し、初期のヨーロッパ農耕民を形成します。それから二〇〇〇年ほど遅れて東ヨーロッパの狩猟採集民の中にイランの農耕民が移動、交配し、カスピ海北方ステップ地帯の牧畜民集団を形成しました。この牧畜民から、いわゆるヤムナヤ文化が生まれ、約五〇〇〇年前にほぼヨーロッパ全域を席巻することとなったのです。こうしたプロセスを通して西ユーラシア集団とその一部である古代北ユーラシア集団、および基底部ユーラシア集団の要素が混合しました。

新石器時代における中東農耕民の拡散は、ヨーロッパに限らずアフリカにも及びました。これはエチオピア高地で発見された四五〇〇年前ごろの古人骨モタからわかります。三集団テスト［図5-4］の結果から、モタに最近縁な現存集団は、エチオピアの農耕民や少数民族で現在

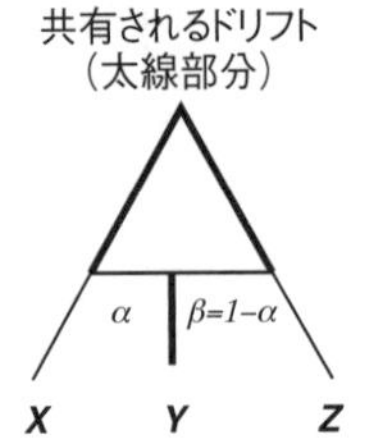

図5-4　３集団テスト

３集団テストには外群f_3と混合f_3がある。外群$f_3\,(Z;X,Y)=(Z-X)\,(Z-Y)$は、あるテスト集団$X$に最も近い集団を決めるための統計量である。ここで$X$、$Y$、$Z$は**図5-3**と同様に集団を表す記号であるとともに、右辺ではその集団における変異の型や頻度を表す。外群f_3は、外群Zから見て「共有されるドリフト」が大きい集団ほどテスト集団に近いことを示すので、テスト集団に最近縁のものを探索するのに使用する。混合f_3の定義は、混合$f_3(Y;X,Z)=(Y-X)\,(Y-Z)$で、YがXとZの混合であることをテストする。YがXとZの混合であるとは、Yのゲノムの一部はXと近縁である（αに相当）のに他の部分はZと近縁（β＝1－αに相当）という意味。このようなことがあると、X、Y、Zは共有されるドリフト上の変異をαの確率で110、βの確率で100のようにとることとなる。したがってX、Y、Zの平均値は1、α、０となり、$X>Y>Z$であることから混合f_3は負となりうる。混合がないと共有されるドリフトはYからXとYからZに至る最短距離に現れる共通部分だけで、方向が同じであるため必ず正の値になる。

も自給自足で生活する蹄鉄工のアリ族であることがわかります。さらには、アリ族の遺伝要素をさまざまな集団と網羅的に比較することによって、アリ族はモタとヨーロッパの初期農耕民（約七一〇〇年前の古人骨シュトゥットガルト）あるいはそれに近縁であるサルデーニャ人の祖先集団との混合であることが明らかになっています。

4　アジア現生人類集団の形成

東ユーラシア大陸のデニソワ人

スペイン北部のシマ・デ・ロス・ウエソス洞窟から出土した二八個体にものぼる人骨は、形態学的にはネアンデルタール人に近縁であることを示しています。事実、核ゲノム分析もデニソワ人よりはネアンデルタール人です。ところがシマのミトコンドリアDNAは、他のネアンデルタール人とはかけ離れたものでした。このような不整合は、比較に用いられたアルタイや後期ネアンデルタール人のミトコンドリアDNAが現生人類の祖先との交雑によって現生人類型のものに置き換えられたためと考えられています。これはミトコンドリアDNAのように単一の祖先関係を反映する分子が、必ずしも集団の系統関係を反映しない極端な例でもあります。重要なことは、シマの推定年代、つまり約四三万年前にはデニソワ人とネアンデルタール人はすでに分離した集団だった点にあります。

現生人類と旧人の共通祖先は、アフリカのホモ・ハイデルベルゲンシスです。アフリカを出てユーラシア大陸に拡散した子孫から旧人であるネアンデルタール人やデニソワ人が誕生し、アフリカにとどまった子孫から現生人類が誕生したことになります。この相違を生み出した原因は何であったのでしょう［口絵4-1］。その原因を探すことは、今日の地球人の行く末を考えるためのヒントにもつながると目されています（赤澤　二〇一二）。

デニソワ洞窟から見つかった多数の人骨のうちゲノム研究が最も進んだのがすでに述べたデニソワ3号やデニソワ5号です。このうちデニソワ3号のゲノムがネアンデルタール人の姉妹種にあたる新しい旧人であることを疑問の余地なく示したことから、デニソワ人と名づけられました。また、分子系統樹に見られるデニソワ3号に至る枝の短縮の程度から、デニソワ3号の年代は八万四〇〇〇年前―六万年前（表5-1のベイズ統計解析の結果は七万六〇〇〇年前―五万二〇〇〇年前）と推定されました。色素に関係した遺伝子の変異にもとづくと、このデニソワ人は黒い皮膚で褐色の髪と目であったといいます。洞窟からはデニソワ3号に近縁な4号（臼歯）と、より古い地層から8号（臼歯）や2号（乳臼歯）も発見されていることから、デニソワ人はこの地域に長期間居住していたと考えられます。

この間、ネアンデルタール人との出会いもありました。その証拠はデニソワ11号（女の子の長骨の断片）に関する驚くべき発見です。彼女の母はネアンデルタール人で、父はデニソワ人だったのです。母はアルタイよりもヨーロッパで見られる後期ネアンデルタール人に近縁ですから、ネアンデルタール人は頻繁にユーラシア大陸を移動していたことがわかります。デニソワ11号のミトコンドリアDNAは母からの由来を示すので当然ネアンデルタール人のタイプに一致しますが、もっと興味深いのはゲノムにある長いホモ接合（相同染色体が同じDNA配列）領域があったことです。すべてがヘテロ接合であるはずの交雑第一代でホモ接合になるのは、父デニソワ人に母と同じネアンデルタール人由来のゲノムが混合しているか、またはその逆の場合に限られます。したがって観察された長いホモ接合領域は、デニソワ11号の数世代前にもネアンデルタール人とデニソワ人のあいだに交雑があった証拠なのです。

南回りと北回りルートにおけるデニソワ人との交雑

デニソワ3号のゲノム解析で、シベリアからははるか彼方のメラネシア集団（パプアンとブーゲンヴィル島民）へ遺伝浸透があったとわかったことも予期せぬ発見でした。これはD－統計量でYにデニソワ人、Zにチンパンジーをとり、さまざまな現代人の集団をWとXとしてテストした結果です。つまり、Wとしてメラネシア集団以外の集団、Xとしてメラネシア集団をとったときにのみ有意にD<0となり、メラネシア集団はほかの集団に比べるとデニソワ人に近いことが示されたのです。f_4－統計量を利用した混合率の推定では4.8±0.5パーセントです。メラネシア集団はこれに加えてネアンデルタールゲノムの混合もありますから、合わ

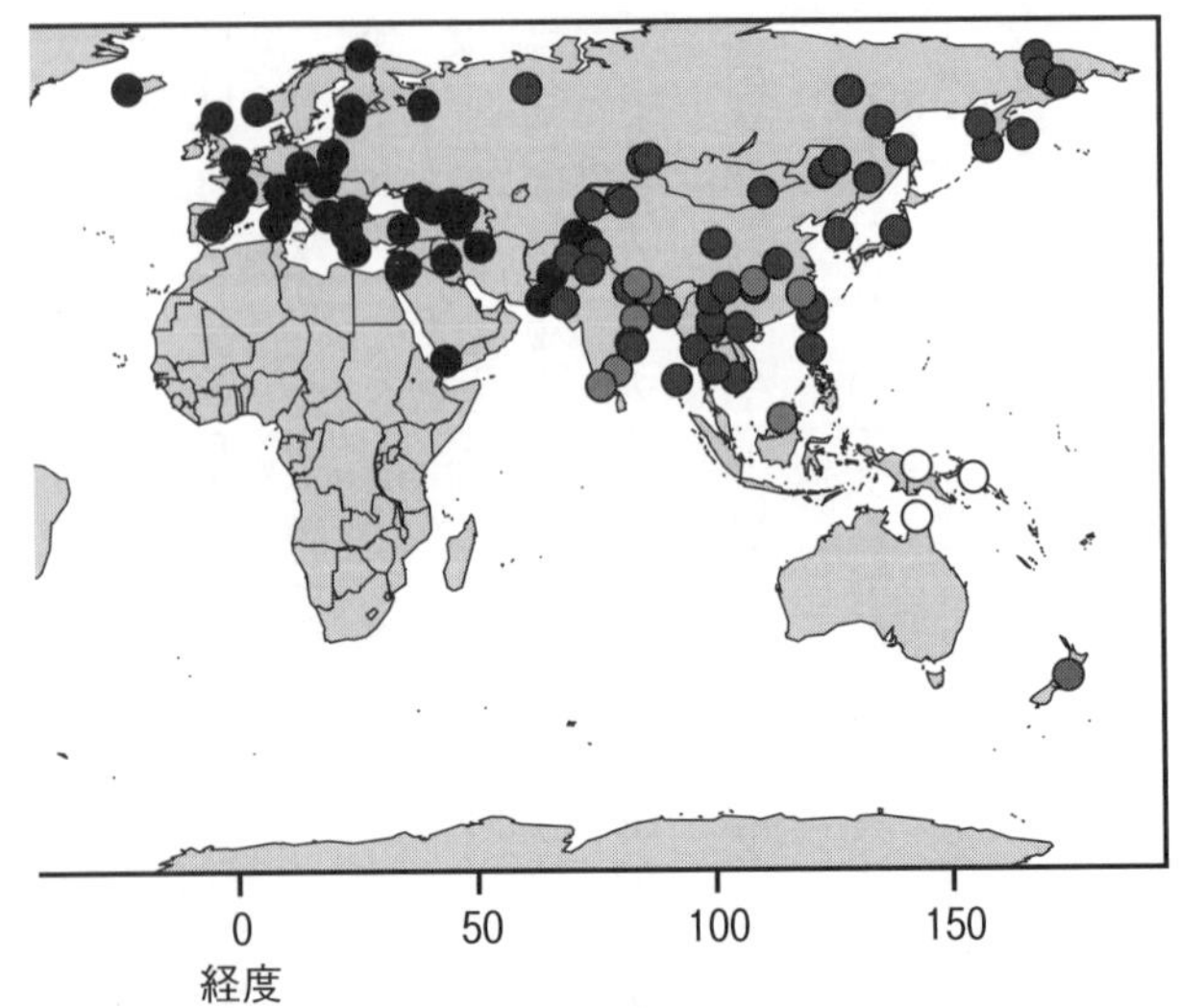

図5-5-1　デニソワ人の現代人へのゲノム混合率
オセアニア以外の地域におけるデニソワゲノムの低い混合率を示すためにスケールが0〜1.1%としてあることから、オセアニアにおける5%にも達する混合率は飽和している（白丸）。なお、この図では本文にあるデニソワゲノムの3つの型は区別していない。南アジアにはD0はなくD2だけで、D1はオセアニアに限定的である。
図版出典
Sankararaman, S., et al., The combined landscape of Denisovan and Neanderthal ancestry in present-day humans. *Curr Biol* 26: 1241–1247. 2016.

せると旧人由来の成分は7.4±0.8パーセントにも達します。

この研究では当初、調べた集団の数が不十分でした。しかし、発表翌年にはこれを補う成果が出されて、混合の起きている集団がさらに多く特定されました。顕著な混合が見られる集団は、オーストラリア・アボリジニ、メラネシア、ポリネシア、フィジー、東インドネシア、アエタなどのフィリピン・ネグリトです。さらに現代人の大規模なゲノム解析から、デニソワゲノムの混合はアジア全土、シベリア、南北アメリカ大陸などでも見つかってきました〔図5-5-1〕。デニソワ人はシベリアから東南アジアに至る広大な地域に分布していたと考えられます。

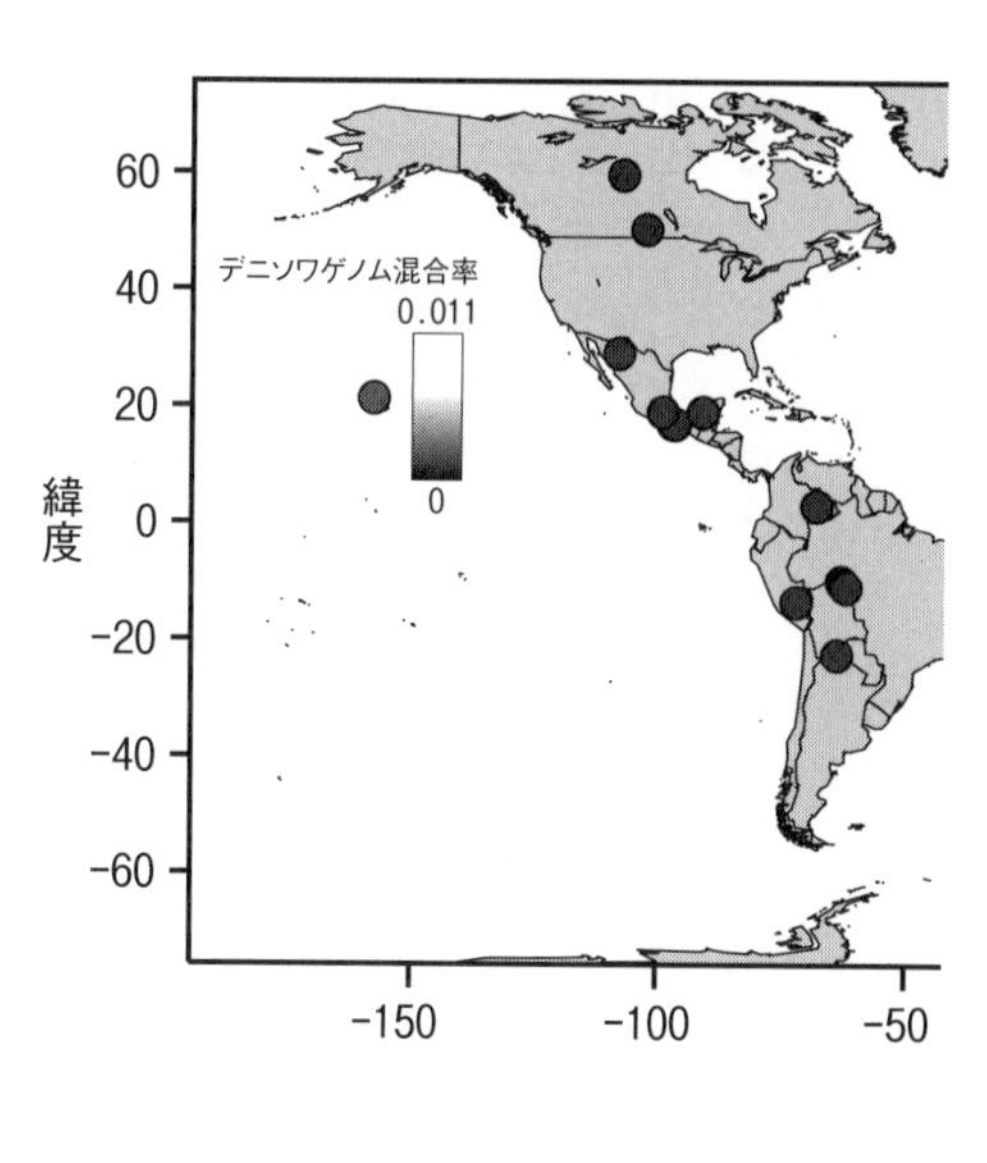

この予想は、二〇一九年になって報告されたチベット高原出土の一六万年前のデニソワ人の下顎骨が裏づけます。「距離による隔離」に伴う地理的分化によって、現生人類に浸透したデニソワゲノムもデニソワ3号に近縁なアルタイ型（D0）、それよりはるかに遠縁なメラネシア

型（D1）とアジア・オセアニア型（D2）の三つの異なる型に区別されます。D1はオセアニアに特異的で、交雑推定年代は約三万年前です（この推定が正しければ旧人デニソワは四万年前以降も生存しつづけたことになります）。チベットのデニソワ人と関係が深そうなD2は、アジアやオセアニアなど広い地域で観察され、交雑推定年代は約四万六〇〇〇年前です。どちらもD0とは二〇万年—三〇万年も離れています。D0は、D2とともに東アジア人やアメリカ先住民に分布しています。D0の浸透時期は未定ですが、その分布域から推測すると交雑は現生人類が中東から中央アジアを経て拡散した北回りルート沿いだったと考えられます。事実、マリタボーイにもデニソワゲノムの混合が見つかっています。

中国の周口店近くで発見された約四万年前の田園洞人のゲノムは、東アジア人やアメリカ先住民、あるいはネパールや極東ロシアの新石器時代の古人骨のゲノムと近い関係を示します。したがって、東アジア人の祖先集団は東南アジアから北上したと推測されます。この過程で旧人のゲノムが混合した可能性が高いのですが、田園洞人ではネアンデルタールゲノムの浸透は確認されているものの、デニソワゲノムの浸透を示すことはできていません。いずれにしても、田園洞や中国北東部は南北移動ルートの共通終着点として、また同時に日本やアメリカ大陸に至るさらなる拡散ルートの共通出発点として特別な意味をもっており、今後の研究の展開が期待されています。

オセアニア人の起源は古くなるか？

近年、地球規模での人類集団の系統関係について、古代ゲノムの知見をふまえた調査・研究が盛んです。百を超える世界中の地域集団から、その何倍にも及ぶ数のゲノム配列を決定するプロジェクトも進んでいます。その一つがオセアニア人の起源と集団史に関するものです。サフルへ更新世に移住するには、海水面が上昇下降する中、最低八回の航海が必要だったといいます。誰が、いつ、どのように移動してきたのでしょう。多くの研究が進められています。

先述したように、南回りルートとは現生人類が西アジアからインド、東南アジアを経由して、サフルや東アジアにまで到達した経路のことです。第一次出アフリカではアルタイ・ネアンデルタールの祖先と交雑した後に、このルートをたどってオーストラリア北部のマジェドベベまで到達した可能性があること、また第二次出アフリカではアジア南方でデニソワ人と交雑した後にサフルまで到達したことを見てきました。この二回の移住者は由来が大きく異なっています。

第一次移住者はアルタイに浸透したゲノムと類似のものをもっていたに違いありません。この移住者がオセアニア人の直系の祖先であれば、現在のオセアニア人のゲノムはアルタイやヴィンディジャに浸透したゲノムとは一〇万年以上の遺伝距離を示すはずです。事実これを支持する四集団テストの結果が報告されています。第一次移住者の集団は東西ユーラシア集団よりはるか以前に分岐したのですから、ヨーロッパ人やアジア人とは異なる遺伝要素をもっていることになります。オセアニア、アジア、ヨーロッパ三集団の分岐関係の問題は、オセアニアにおける第一次と第二次移住者間の混合率の問題でもあります。もし第一次移住者との混合がなければ話は簡潔です。第二次移住においてオセアニア人が東アジア人と分岐したのは、必ず東西ユーラシア集団の分岐後と考えられるからです。

これに反して、サフルへの第一次移住者を第二次出アフリカの先発隊と考えるモデルもあります。しかしこのときには、ヨーロッパ集団とアジア集団の分岐は四万年前後に設定せざるをえなくなります。したがってこのモデルでは、なぜ東南アジアやオーストラリアに到達した東ユーラシア集団がすでに祖先ユーラシア集団で広まっていた上部旧石器文化を伝えなかったのか、疑問が生じます。

このように最近のゲノム研究においてもオセアニアへの現生人類の到達時期の推論が一致した結論には至らない原因の一つは、まさにオセアニア人にデニソワ人のゲノム（D1やD2）が浸透したためと考えられます。デニソワ人のゲノムは現生人類とは大きく異なりますから、オセアニア人に浸透しているデニソワ人のゲノムをマスク（比較から除外）しないと、オセアニア人は東西ユーラシアの関係より見かけ上、古くなるでしょう。唯一DNA配列が決められているデニソワ3号人骨のゲノム（D0に近縁）を使い、ネアンデルタール人ほど遠い関係にあるオセアニア人に内在するD1やD2をうまくマスクすることができるでしょうか。もう一つの問題は、最近の解析ツールの複雑さとデータへの敏感な反応です。

そこでオセアニア、アジア、ヨーロッパ集団のうち二集団にのみ共有される、非アフリカ人に特異的な変異に注目し比較した簡潔な研究がなされています。それによれば、明らかにオセアニア集団はアジア集団とより多くの変異を共有しており、ヨーロッパ集団が外群になることがわかります。この結果に従えば、第一次出アフリカを記録したオセアニア人のパリンプセストは第二次出アフリカを記録した別のパリンプセストに完全に置き換わっているか、あるいはそもそも最初のサフル移住が第二次出アフリカ以降であり古い遺跡年代は誤りである、ということになります。

5　現生人類に残る旧人のゲノム

非適応的浸透

私たち現生人類は旧人と交雑しました。その結果、現生人類に浸透した旧人ゲノムはこれま

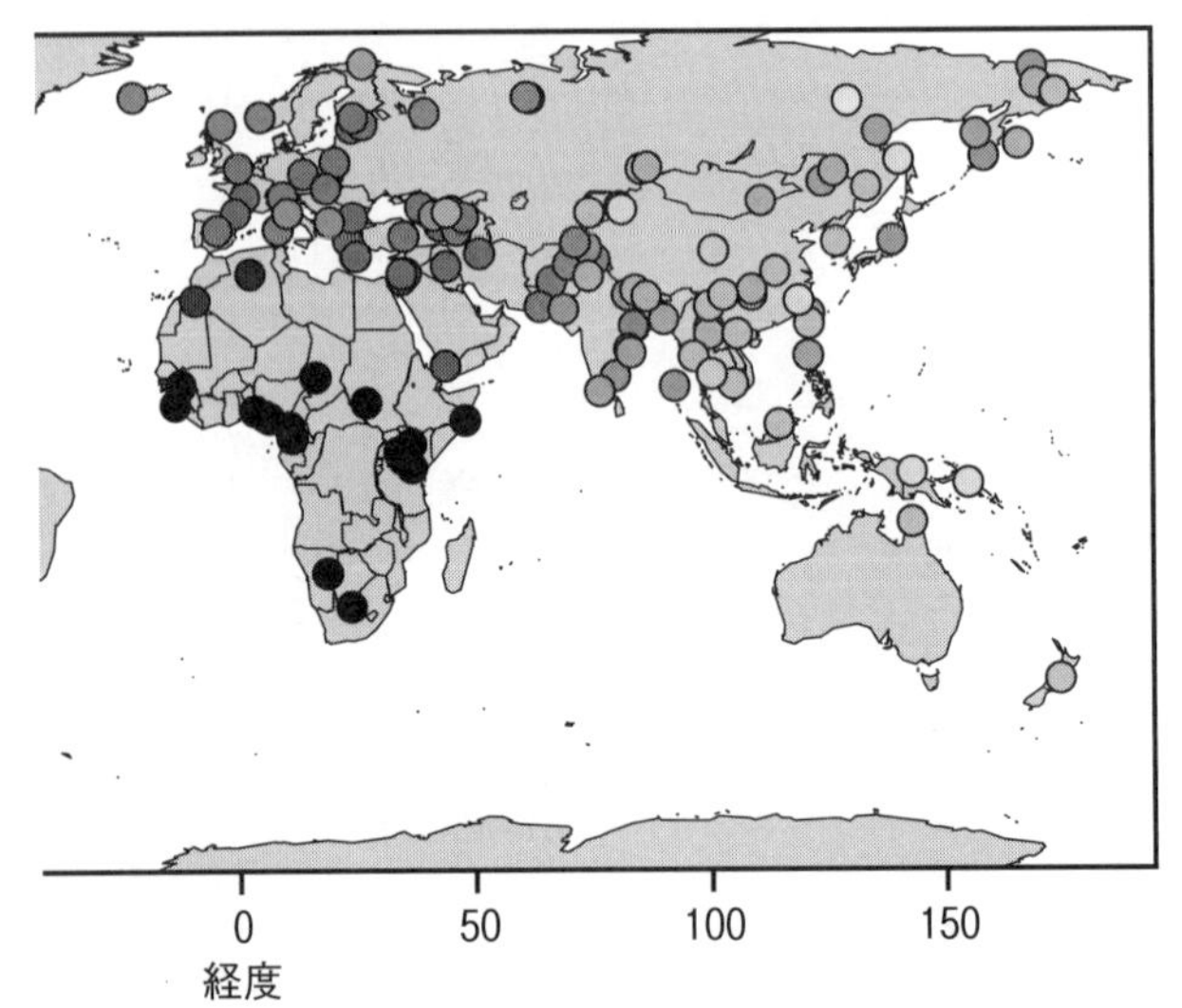

図5-5-2　ネアンデルタール人の現代人へのゲノム混合率
ネアンデルタールゲノムの混合率は0～3%の範囲。浸透は非アフリカ集団全体に及んでいることや、ヨーロッパ集団よりもアジア集団に高頻度で見られることがわかる。
図版出典
Mallick, S., et al., The Simons genome diversity project: 300 genomes from 142 diverse populations. *Nature* 538: 201–206. 2016.

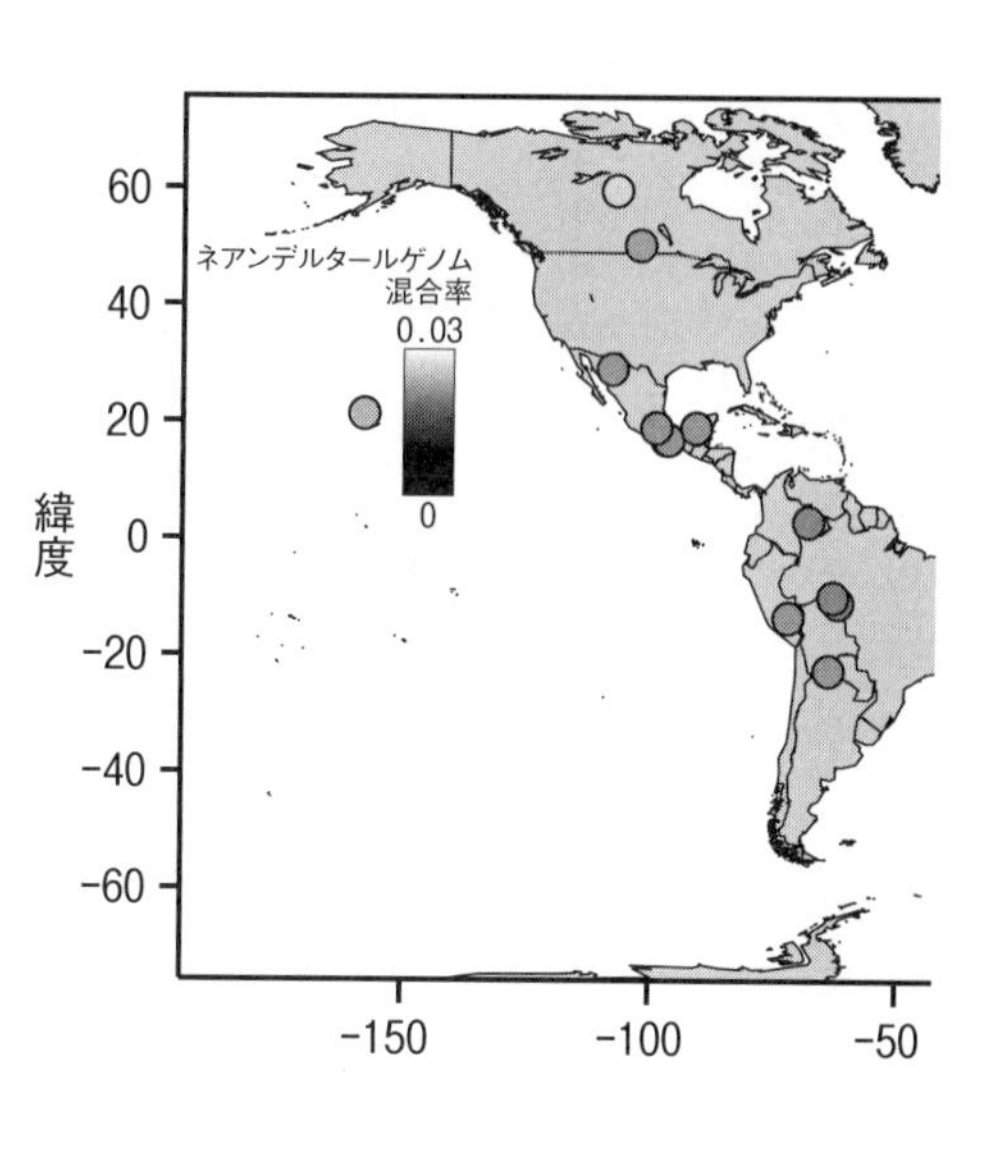

で何か重要な役割を果たしたのでしょうか。また混合している旧人ゲノムは今後どうなるのでしょう。六〇〇人以上の現代の非アフリカ人ゲノムを使って探索した結果では、一人一人のゲノムにあるネアンデルタールDNA断片は二パーセント程度にすぎません。しかし、このような断片の和集合はネアンデルタールゲノムの四〇パーセント、さらに調査する現代人の数を増やせば七〇パーセントにも達するかもしれないと推測されています［図5-5-2］。その過去と将来についてはさまざまな推測があります。そこで最後に、非適応的な混合ゲノムに関する論争と、旧人から浸透した適応的な変異を概観します。

現生人類のゲノムに浸透した旧人由来のDNAが機能的に重要な領域（遺伝子の翻訳領域とその発現調節領域あるいは保存的な非翻訳領域など）には少ないことから、旧人ゲノムは現生人類にとって有害であったとする説があります。それぞれのゲノムが五〇万年以上独立に進化したのちの混合ですから、相互に不和合になる変化も蓄積しているはずです。一般に、生殖に関係した遺伝因子は進化の速度が速く、雑種の雄の妊性をいち早く低下させます。また、旧人集団の個体数は長期間にわたって現生人類に比べて一桁も小さかったことから、相対的に強いドリフト（遺伝子浮動）によって有害変異が蓄積しやすかったことも指摘されています。

こうした非適応説を支持するもう一つの観察は、上部旧石器時代から現代人に至るまでの後期ネアンデルタール人からの混合率αが単調に減少しており、有害な変異が四万年以上にわたって徐々に排除されているように見えることです［図5-6］。しかし実は、有害変異がこのような長期間にわたって排除されていることは、集団遺伝学的には説明が難しいのです。そのうえに、当初は、アルタイ・ネアンデルタールしか利用できなかったため、図5-3にある非アフリカ人をウスチ・イシムなどの古人骨に置き換えてαを推定することができませんでした。その後、ヴィンディジャ33・19号が利用できるようになって、後期ネアンデルタール人からの混合率αを直接的に推定すると、図5-6にある負の相関は見られなくなると報告されています。

しかしオアセ1号ほどではないにしても、ウスチ・イシムやコスチョンキ14号にはネアンデルタール人の大きな混合DNA断片が間違いなく存在するのですから問題は残り、再度吟味する必要がありそうです。また時を違えた複数回の交雑を考慮する必要もあります。ただし負の相関がないからといって、混合したネアンデルタールゲノムは有害ではなかったとはいえません。有害な変異も多かったのですが、それらは交雑後の間もない期間に現生人類の祖先集団からすみやかに除去されたと考えられます。もしこの推測が正しければ、今日混合している旧人

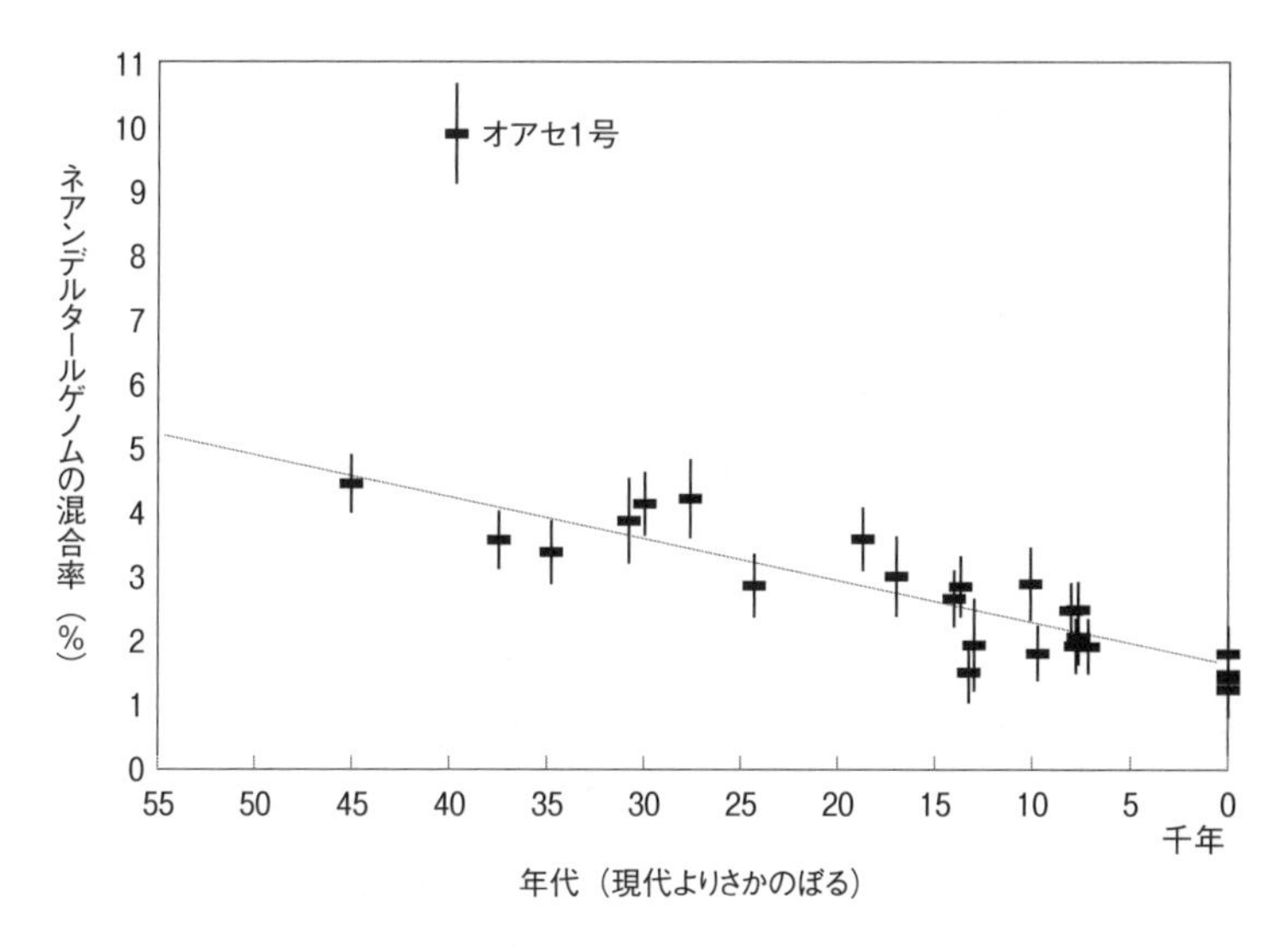

図5-6　論争中の混合ネアンデルタールゲノムの減少
古人骨である（下記f_4にあるXに相当する）ウスチ・イシム、オアセ１号、コスチョンキ14号、ゴイエQ116－1号、マリタ、アフォントゴヴァ、シュトゥットガルトなどの年代（**表5-1**参照）を横軸に、縦軸にネアンデルタールゲノム混合率（α%）を表す。オアセ１号は約10%と突出している。混合率の基準は、f_4（ムブチ・ピグミー、X；デニソワ人、チンパンジー）のXをアルタイとして求める。混合率はほかの集団を用いても求めることができるが、そのとり方に敏感であることに注意。
図版出典
Fu, Q., et al., The genetic history of ice age Europe. *Nature* doi:10.1038/nature17993. 2016.

ゲノムを除去する仕組みはもはや存在せず、将来にわたって現生人類のゲノムの一部として伝達していくことになるでしょう。

適応的浸透

とはいえ、旧人由来の混合ゲノムには適応的な変異も存在します。現生人類にとって適応的な変異はさまざまに探索されおり、今では百以上の領域が見つかっています。その中には、チベット人の高地の低酸素状態適応に寄与したEPAS1やグリーンランドのイヌイット人の寒冷適応に寄与したWARS2やTBX15などのデニソワ人由来の遺伝子、あるいはヨーロッパ人では二〇パーセント（平均は二パーセント未満）もの頻度に達するネアンデルタール人由来の脂肪代謝関連遺伝子（過剰なカロリー摂取でも糖尿病などの生活習慣病を発症しにくい）などがあります。そのほかにも免疫系や髪・皮膚の色に関連した領域が適応的浸透の例として知られています。

ここでは、こうした具体例を網羅的に示すことより、次の二点だけを強調しておきます。一つは、適応的浸透が見られるのはヨーロッパやチベット、イヌイットのように特定の地域集団に限られていることです。現代人の集団全体で適応的になっている例は知られていません。これは現代人ゲノムに対して、出アフリカ以降に起きた適応的変化を探索する場合にも観察されることです。いずれの探索でも、過去五万年間における適応進化は共通してローカルなのです。

これは全体に拡がるのに時間が不足しているわけではなく、適応進化の原因やその原動力が食、病原菌、高地、寒冷地といったローカルな生物・物理環境にあるからです。

もう一つは、旧人からの適応的浸透には文化と関連した例が見られないことです。文化は強い進化圧です。たとえば、現生人類のゲノム探索では乳糖耐性（大人になって牛乳を飲んでもおなかが痛くならない）やアルデヒド代謝（酒に弱いか強いか）などに関連した今でも進行中の適応進化が見つかります。乳糖耐性は酪農が始まり乳糖を離乳後も日常的に摂取するようになった集団で進化したもので、ヨーロッパやアフリカで見られます。一方、アルデヒド代謝の性質は、揚子江流域で稲作が始まりその発酵産物を摂取するようになったことと関係して、アジアでは代謝を遅滞するよう自然選択が働くようになったためと考えられています。さらには、社会構造の変化や異文化との接触に伴う進化圧もあったでしょう。こうした文化による適応進化も当然ローカルですが、知られているかぎりすべての変異は現生人類が有する自前の遺伝子プールに新しく生じたか、すでに存在したものであって、旧人から受け継いだものではないのです。したがって、たしかに旧人ゲノムは出アフリカ後の適応を可能にした有益な変異の貯蔵庫ではあったものの、文化という現生人類が生み出した独自の「環境」に適応する素材とはなりえなかったのです。

以上のように、ゲノムには時間に関する情報が満載であるものの、空間に関する情報はそれ自体ではきわめて限定的です。それだけに誕生以来、移動し続けてきた現生人類モビリタスの歴史を復元することは、古代ゲノム研究にとっても挑戦的な課題です。これが「古代DNAは、考古学者が自由に使えるものにすべきだ」とD・ライク（日向やよい訳、二〇一八）がいう分野の統合が必要とされる由縁（ゆえん）なのです。

参考文献

赤澤威「ホモ・モビリタス700万年の歩み」印東道子編『人類大移動――アフリカからイースター島へ』朝日選書、二〇一二年

D・ライク『交雑する人類――古代DNAが解き明かす新サピエンス史』日向やよい訳、NHK出版、二〇一八年

Bae, C. J., Douka, K. and Petraglia, M. D., On the origin of modern humans: Asian perspectives. *Science* 358: eaai9067. 2017.

Lalueza-Fox, C. and Gilbert, M. Thomas P., Paleogenomics of Archaic Hominins. *Current Biology* 21: R1002–R1009. 2011.

Nielsen, R., et al., Tracing the peopling of the world through genomics. *Nature* 541: 302–310. 2017.

Slatkin, M. and Racimo, F., Ancient DNA and human history. *PNAS* 113: 6380–6387. 2016.

Timmermann, A. and Friedrich, T., Late Pleistocene climate drivers of early human migration. doi:10.1038/nature19365. 2016.

Veeramah, K. R. and M. Hammer., The impact of whole-genome sequencing on the reconstruction of human population history. *Nature. Reviews. Genetics*. 15: 149–162. 2014.

6章

現生人類の到着より遅れて出現する現代人的な石器

——現生人類分布拡大の二重波モデル

青木健一

はじめに

アフリカを原郷とする現生人類は、いく度かの出アフリカを繰り返しながら、最終的には約六万年前—五万年前以降（年代については諸説あります）ユーラシアへの本格的な進出を開始しました。そして、旧人集団と出会い、および、おそらくは文化交流をも繰り返しながら、分布を拡大していきました。

移住先には旧人だけでなく一部には、原人の末裔が生き残っていた可能性も否定できません。いずれにしても先住集団は絶滅し、現生人類が取って代わることとなりました。この過程、いわゆる交替劇の原因については諸説ありますが、本章の主眼はそこにはありません。

ネアンデルタール人については認知能力において劣っていたとする考えが根強く残っており、完全に否定されたわけではありません。しかしながら、ネアンデルタール人の古代DNAと現代人のDNAを比較した研究からは、認知能力のはっきりした違いが今のところ見出されていません。本章では、彼ら旧人と現生人類が同等な繁殖力や認知能力を有していたと仮定して、話を進めることにします。

ここで扱う問題は、旧人が先住している地域への現生人類の到着と、その地域での現代人的な石器の出現に時間差があるというパラドックスです。つまり、石器伝統の変化が人類の交替と必ずしも対応しないのです。このズレは、ヨーロッパでも見られますが、東アジア（中国）で顕著です。現代人的な石器とは、マクブレアーティとブルックスの分類によると、小石刃、細石器、背付き石器、尖頭器などを指します。長沼正樹（二〇一五）を引用すると、「細石刃石器群の出現と拡散が、中国北部の旧石器時代に生じたいわば初めての明確な石器伝統の変化みたいですが、それは現生人類の到着が想定される年代よりも、しばらく後の出来事です」。「しばらく」とは、最新の知見によると一万数千年を意味します。

以下、集団の人口と文化水準が連動し、分布を拡大する現生人類と先住していた旧人のあいだに資源をめぐる種間競争があるとしたモデルを想定し、数学的な手法を用いて集団変化の予測を紹介します。また、東アジアにおいて現代人的な石器の出現が、現生人類の到着より遅れたとされる現象について、このモデルの予測にもとづいて解釈を行います。

1　集団の大きさと文化水準に関わる理論

理論モデルの設定

本章で行う理論的考察のモデルはもともと、旧人ネアンデルタールと現生人類との交替劇を論じるために筆者ら（Wakano et al. 2018）が提案したものですが、本章で扱う問題への示唆も副産物として得られました。そもそもモデルとは、複雑すぎる現実の中から本質的と思われる要素を抽出し、それらのあいだの関係性を強引かつ定量的に設定するもので、現実と（はなはだしく）乖離しているといっても過言でありません。したがって、モデルから導かれる予測を現実に適用するには（人類学や考古学の場合、これは事後的な適用になりますが）解釈が重要になります。

以下の議論では、「集団」という術語を使います。集団とは狩猟採集民のバンド（またはいくつかのバンドの一時的な集まり）を指し、民族学的事例から推察してその人口規模は、一〇〜

一〇〇人程度になります。集団が大きいほどその文化水準が高い(たとえば、道具の種類数が多く、その中に高機能なものが含まれる)ことが理論的に予測されます。その根拠は、人が多いほどアイデアが多く生まれる、人が多いほど多様なスキルが共存しうる、人が多いほど知恵が特別に発達した人物が含まれる可能性が高い、等々です。ただし、民族学的通文化研究からは、この予測を支持する結果と支持しない結果の両方が得られています。

逆に、文化水準が高いほど高い人口が維持できる、という予測も成り立ちます。たとえば、狩猟効率を上げる道具が発明され普及すれば、より多くの人々を養うだけの食料が得られるはずです。しかし、獲物が乱獲された結果、人口が維持できなくなる危険性が伴うのも事実です。たとえば、野焼きという技術は草木を燃やして景観を一新し、新たな狩猟対象動物を引き寄せるのに有効ですが、火付けは一人でできても、火を制御するには技術を持った複数の構成員の協力があったほうが安心です。

問題を簡単にするために、集団の大きさとその文化水準のあいだに双方向性の因果関係(正のフィードバック)があるとし、話を進めることにしましょう。具体的には、次のようなモデルを考えます。

まず、学習可能なスキル、つまり技術を想定し、このスキルを所持する者が多くいる集団ほど文化水準が高いとします。このスキルは、他者を模倣して習得されるか、これに失敗した場合、(試行錯誤などにより)自力で習得できるとします。模倣なら、既存のスキル所持者と同じ割合で、新たなスキル所持者が生まれます。一方、自力習得は、模倣に失敗した者のうちの割合δ（$0<\delta<1$）がこれに成功したことになります。自力習得されるスキルは、同じ日的を果たすものであれば、既存のものと完全に一致する必要はありません。また、せっかく習得したスキルですが、これを割合γ（$0<\gamma<1$）の者が忘却するとします。これらの仮定の重要な帰結として、本章のモデルは人口が多いほどスキル所持者も多いという性質をもちます。

重要な仮定――双安定性

次に、人口動態がロジスティック方程式に従うと仮定します。ロジスティックという考え方は、人口増加が鼠算的にいつまでも続くのではなく、環境収容力（付与の環境で維持可能な人口。本章では、Mと表記します）に達したら止まると想定するものです。また、人口が何らかの理由で環境収容力を超えたとき、引き戻す力が働きます。つまり、（人口のみに着目したとき）人口が環境収容力と一致した状態は、安定な平衡点です。

本章のモデルでは、ロジスティックを拡張して、スキル所持者の数に依存する二つの環境収容力があると仮定します。すなわち、閾値（いきち）Z*が存在し、スキル所持者数がこれを下回る場合は環境収容力がM_L、上回る場合はM_H（ただし$M_L<M_H$）であるとします。この仮定のもとで、人口がM_L人でスキル所持者がθM_L人いる状態は、モデルの平衡点になります。同様に、人口がM_H人でスキル所持者がθM_H人の状態も平衡点です。ただし、$\theta = \delta/(\gamma+\delta) <1$です。$M_L<M_H$なので、そ

れぞれ低人口低文化水準と高人口高文化水準の状態（平衡点）とよぶことができます。

今後、重要な役割を果たすパラメタが、$\theta = \delta/(\gamma+\delta)$ です。ここに、δ がスキルの自力習得率、γ がその忘却率であることから、θ が小さいほど難しいスキルであることを意味しています（認知能力が低いとも、解釈できます）。パラメタ θ は、上記の平衡状態においてスキル所持者が集団中に占める割合を表しています。また、閾値 Z^* は、これが高いほど環境収容力の向上に多数のスキル所持者が必要とされることから、やはりスキルの難しさを表していると言えます。そこで、スキルの難易度を表現する複合パラメタとして、Z^*/θ を定義します。この値が大きいほど、当該スキルが難しいと考えることにします。

さらに、不等式 $M_L<Z^*/\theta<M_H$ が満足されるならば、二つの平衡点は両方とも安定です。大雑把に言うと、スキル所持者が最初に少なければ、低人口低文化水準の状態に収束し、逆に多ければ、高人口高文化水準の状態に収束します。人口またはスキル所持者数の初期値が平衡状態にない（上記の平衡点と一致しない）場合、いずれかの平衡点に必ず収束するわけですが、どちらの平衡点に収束するかによって、これらの初期値は二つの吸引域を形成します。このように安定な平衡点が二つ存在するモデルは、双安定であると言います。図6-1に、二つの安定な平衡点とそれぞれ吸引域を概念的に示します。

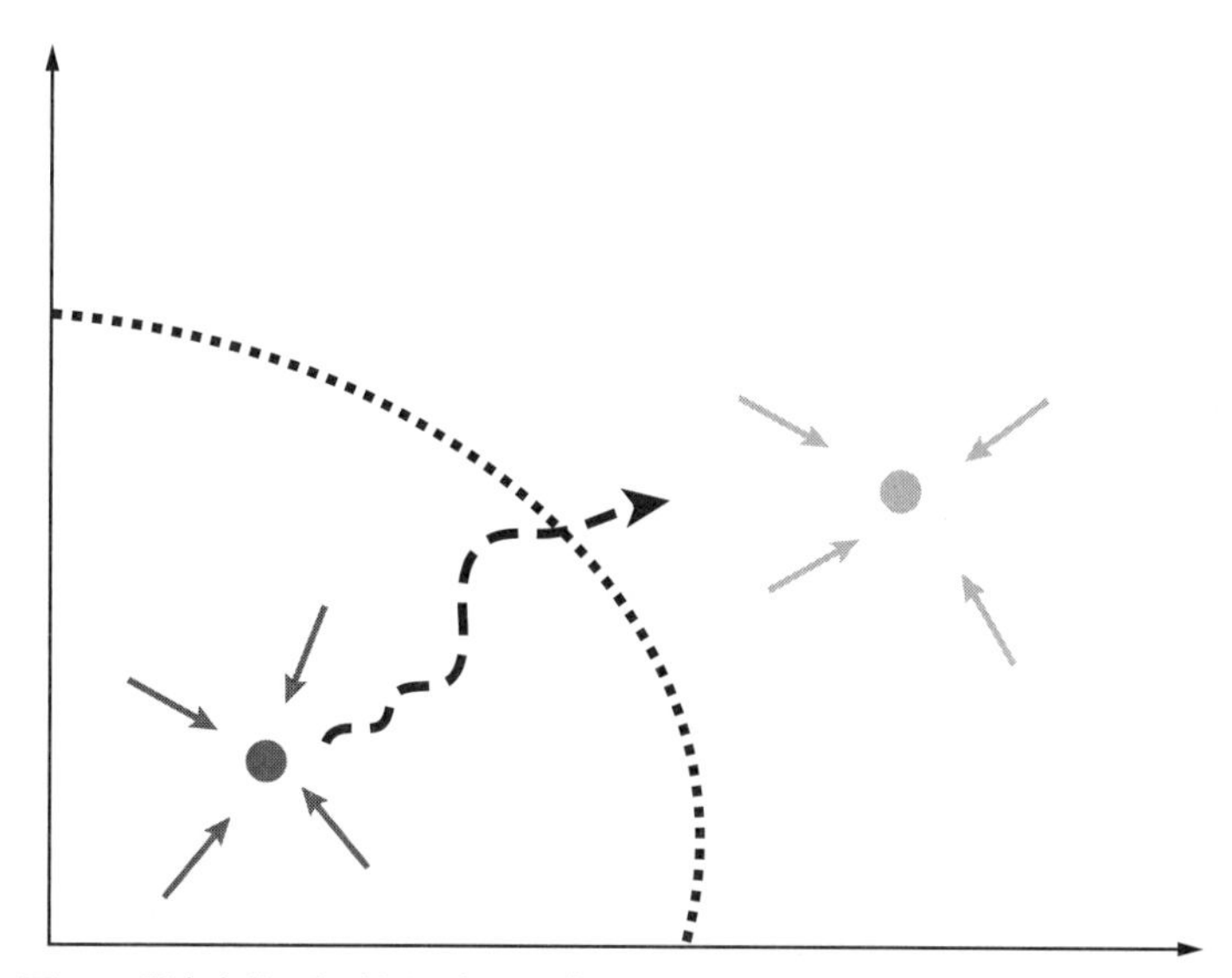

図6-1　双安定性の概念図。左側の濃いグレーの丸と右側の薄いグレーの丸は、それぞれ（局所）安定な平衡点を表す。点線で示した境界の左下では、濃いグレーの平衡点に収束する。また、その右上では、薄いグレーの平衡点に収束する。つまり、境界の左下が濃いグレーの平衡点の吸引域であり、逆に右上が薄いグレーの平衡点の吸引域である。ただし、偶然による変動を許すならば、破線の矢印で示したように、吸引域から脱出することも可能である。

2　現生人類と旧人との種間競争

旧人居住域への現生人類の進出

前節で述べた双安定性を前提とし、旧人が先住する地域への現生人類の分布拡大（進出）を考えます。両種が同等な繁殖力、認知能力、そして移動力を有すると仮定するので、モデルのパラメタ（前述のδ、γ、Z^*、M_L、M_Hおよび下記に定義するもの）の値は、両種ですべて等しいとします。また、両種のあいだで文化的接触がなく、交雑で誕生した子は旧人・現生人類いずれかの社会に吸収されるものとします。以下にモデルの概要を説明しますが、関心ある読者のためにモデルの数学的記述を図6-2に示しました。生態学に詳しい読者は、本章のモデルがロトカ・ヴォルテラの種間競争モデルを拡張したものであることに気づかれると思います。詳細については、Wakano et al.（2018）を参照してください。

さてここでは、両種の居住可能な場が、時間的・空間的に一様な無限一次元空間と仮定し、とりわけ不均一な地形や変動する気候の影響を無視します。地点x、時間tにおける旧人と現

$$\frac{\partial N_1}{\partial t} = D\frac{\partial^2 N_1}{\partial x^2} + rN_1\left(1 - \frac{N_1 + bN_2}{M_1}\right)$$

$$\frac{\partial N_2}{\partial t} = D\frac{\partial^2 N_2}{\partial x^2} + rN_2\left(1 - \frac{N_2 + bN_1}{M_2}\right)$$

$$\frac{\partial Z_1}{\partial t} = D\frac{\partial^2 Z_1}{\partial x^2} + rZ_1\left(1 - \frac{N_1 + bN_2}{M_1}\right) - \gamma Z_1 + \delta(N_1 - Z_1)$$

$$\frac{\partial Z_2}{\partial t} = D\frac{\partial^2 Z_2}{\partial x^2} + rZ_2\left(1 - \frac{N_2 + bN_1}{M_2}\right) - \gamma Z_2 + \delta(N_2 - Z_2)$$

$$Z_i < Z^* \rightarrow M_i = M_L \ (i = 1, 2)$$

$$Z_i \geq Z^* \rightarrow M_i = M_H \ (i = 1, 2)$$

図6-2　二重波モデルの反応拡散方程式。N_1とN_2は、それぞれ時間t、地点xにおける旧人と新人（現生人類）の個体密度を表す。増減率は、内的自然増加率r、それぞれの環境収容力M_i（旧人でM_1、新人（現生人類）でM_2)、種間競争係数b、および時間tにおける自身と相手の個体密度によって決まる。Z_1とZ_2は、それぞれ旧人と新人（現生人類）のスキル所持者密度であるが、その増減率には、忘却率γと自力習得率δも関係してくる。特に重要なのは、環境収容力がスキル所持者密度（閾値Z^*より低いか高いかによって）に依存する点である。なお、Dが掛かった項は、地点間の移動量の大きさを表す。

生人類の個体密度は、それぞれ$N_1(x,t)$、$N_2(x,t)$と表記されます。また、スキル所持者密度は、それぞれ$Z_1(x,t)$、$Z_2(x,t)$です。各地点の個体密度は、前節で説明したとおり、ロジスティック増殖をします。ただし、同地点に居住する旧人と現生人類は競争関係にあるため、競争係数パラメタb（$0 \leq b \leq 1$）を新たに導入する必要があります。両者が利用する資源が重複すればするほど、bの値が大きく、競争種の増殖に対する抑制効果が大きくなります。なお、旧人と現生人類の居住域が重なっていたことは、遺伝学が示す交雑の証拠によって裏づけられます。

最後に、両種の集団は地点間を移動します。この移動は、方向性のないランダムなものであるとします。移動量を表すパラメタDは、拡散係数とよばれます。

居住域を縦断する進行波

これらの仮定は、旧人と現生人類についてまったく対称的、つまり同等に設定されています。したがって、このままでは、現生人類の分布拡大とこれに伴う旧人の絶滅が起こりえません。この対称性を崩す条件を加える必要がありますが、それが図6-3に示す初期条件の違いです。一次元空間の左端（現生人類原郷のアフリカに対応、ただしレヴァントも含む）で現生人類が高人口高文化水準の状態にあり、残る右側の空間（ユーラシア）を旧人が低人口低文化水準の状態で占めていたと考えます。右に行けば行くほど、アフリカから遠くなります。このような初期条件がいかにして成立しえたかについては、のちほど考察します。

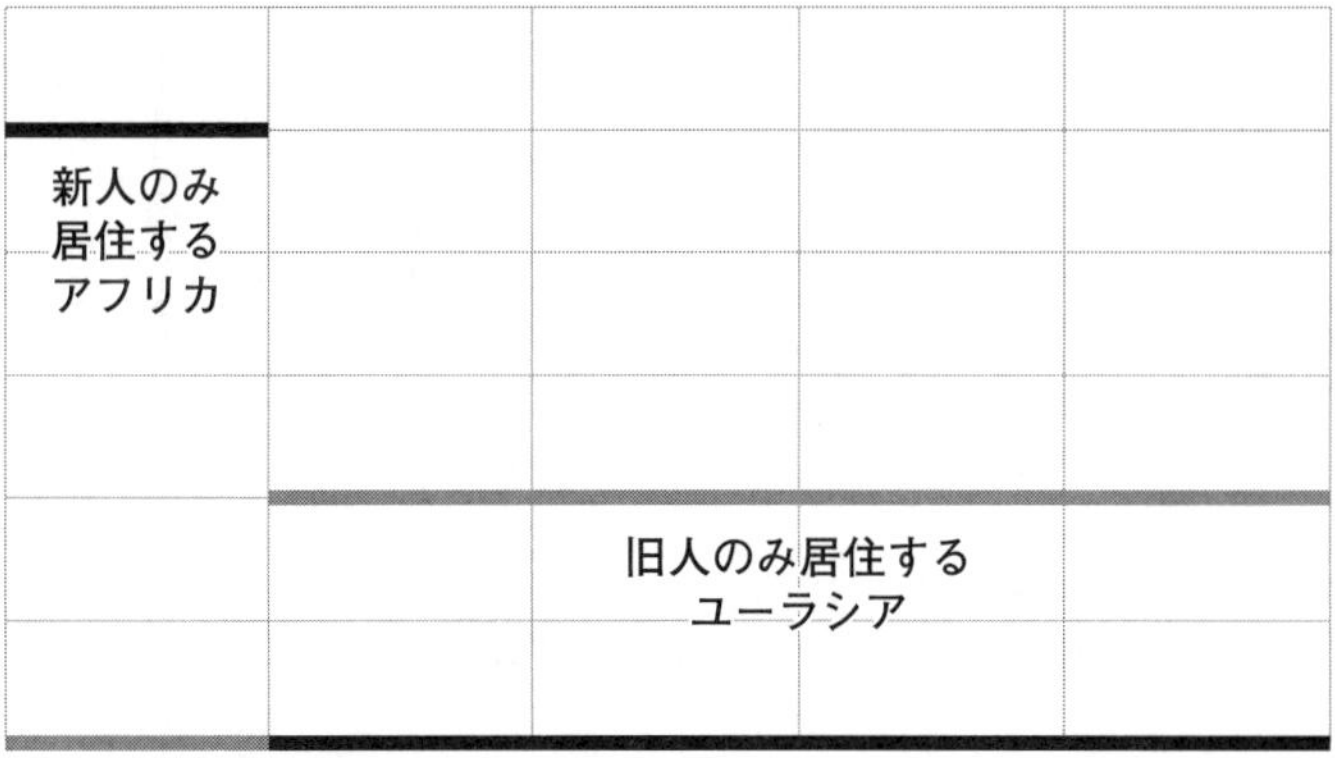

新人のみ
居住する
アフリカ

旧人のみ居住する
ユーラシア

図6-3　旧人と新人（現生人類）の個体密度の初期分布。旧人はユーラシア全域で低人口低文化水準にあるとする。一方、新人（現生人類）は原郷のアフリカで高人口高文化水準にあるとする。

図6-2に記述した方程式は、反応拡散方程式とよばれます。これを図6-3の初期条件といくつかの付加条件（後述）のもとで解くと、図6-4のような、いわゆる進行波解が得られます。図6-4は図6-3から出発して、数千年経過した後のスナップショットと考えてください。旧人と現生人類の地点ごとの個体密度が、それぞれグレーと黒の曲線で示されています。図に描きませんが、対応する旧人と現生人類のスキル所持者密度は、それぞれこれらのθ倍です。

グレーと黒の曲線の高さによって、空間が三つの区域に分かれることがわかると思います。左側の区域では、旧人が絶滅し（個体密度が0）、現生人類が（初期条件と変わらぬ）高人口高文化水準の状態にあります。右側の区域では、現生人類の進入がまだなく（個体密度が0）、旧人が（初期条件と変わらぬ）低人口低文化水準の状態にあります。中央の区域では、両種が等しい個体密度$M_L/(1+b)$で共存しています。区域と区域のあいだのつなぎ目では、それぞれの密度が連続的に変化します。

ここで注目していただきたいのは、この中央区域における旧人と現生人類、とりわけ現生人類の個体密度とスキル所持者密度が、低人口低文化水準の状態よりさらに低くなっていることです。個体密度$M_L/(1+b)$はM_Lより低く、スキル所持者密度$\theta M_L/(1+b)$はθM_Lより低くなります。競争係数bがたとえば1ならば、半分になります。つまり、この中央区域では、旧人も現生人類も種間競争の影響で人口が極端に少なくなっています。また、さらに興味深いことに、文化水準の大幅な低下（スキル所持者数の激減）が起きています。

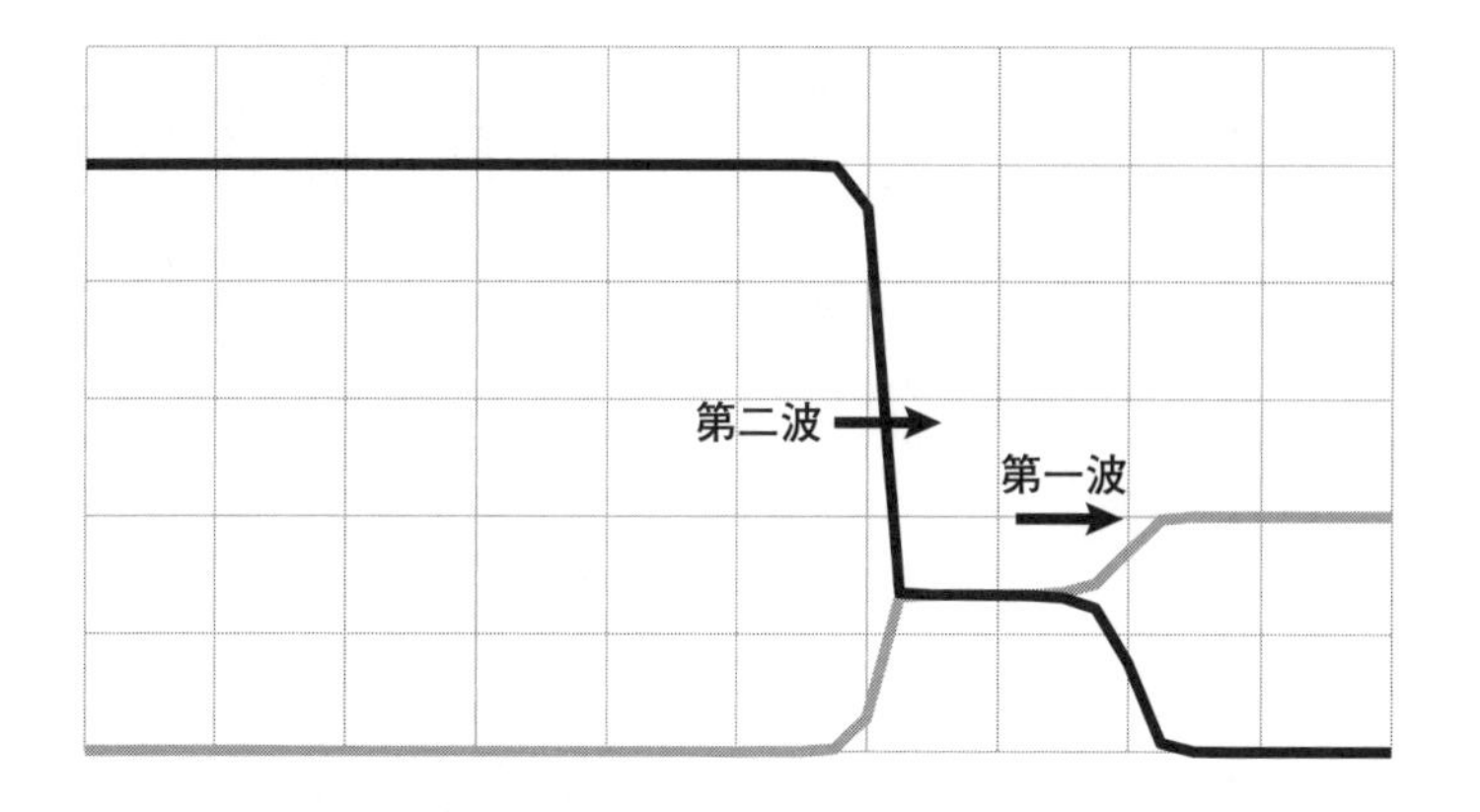

図6-4　**図6-2**の反応拡散方程式を**図6-3**の初期条件で解いた進行波解。旧人と現生人類の地点ごとの個体密度は、それぞれグレーと黒の曲線で示されている。曲線の高さによって空間が3つの区域に分かれる。

スナップショット図6-4の進行波解は、形を保ちながら、刻一刻と空間移動します。具体的には、右側区域と中央区域の境界（第一波）および中央区域と左側区域の境界（第二波）が、ともに一定速度で右方向に移動します。これが、二重波モデルとよばれるゆえんです。なお、第一波の進行速度は、第二波のそれより一般に速いようです。「ようです」と書く理由は、数学的に証明できないからです。第一波の速度は、$v_1 = 2\sqrt{Dr(1-b)}$（rは密度が低いときの増加率）で与えられます。この式は、競争係数bが大きいほど、スピードが遅いことを意味しています。一方、第二波の速度v_2は数学的に求めることができませんが、前に定義した複合パラメタZ^*/θに強く依存することを数値計算によって示すことができます。実際、Z^*/θが大きくなるほど速度が鈍り、さらに大きくなると速度が負に転じて、第二波の逆走が見られます。ちなみに、図6-4の数値例では、二つの速度の比（v_2/v_1）が約三分の一です。

　第二波が右方向ではなく、左方向に移動する（つまり、逆走が起こる）ということは、旧人が現生人類と共存しながら、アフリカに到達することを意味します。これは遺伝学、考古学の証拠に反する予測です。したがって、こうならないように、以後Z^*/θに上限を設けることにします。また、同様の理由により、不等式$M_L/M_H<b<1$が満足される場合のみを考えることにします。つまり、旧人と現生人類の資源利用にある程度の重複がある場合を想定して話を進めます。

3　第二波到着の遅延が意味すること

スキル所持者は後からやってくる

第一波が第二波より速いことから、各地点への第一波と第二波の到着に時間差が生じます。種間競争が弱い（係数bが小さい）ほど、また文化水準に関わるスキルが難しい（複合パラメタZ^*/θが大きい）ほど、時間差が大きいことは、前節の議論からわかっていただけると思います。さらに、第一波と第二波がそれぞれ一定速度で移動することから、現生人類の起源地（アフリカ）から遠くなればなるほど、時間差が大きくなることも明らかです。

集団中のスキル所持者数がその集団の文化水準を決定する、というのが本章の基本的な仮定です。文化水準が高ければ、小石刃・細石器などの現代人的な石器が作られるという立場です。逆に、スキル所持者が少ない低文化水準の状態では、作られてもほんのわずかであり、遺物として残らない、発見されない可能性も考えられます。第一波の通過は、現生人類の到来を意味します。しかし、第一波のすぐ後方では、現生人類のスキル所持者密度が低いので、現代人的な石器を伴わない可能性が予測されます。一方、第二波後方の現生人類は高人口高文化水準の状態にあります。したがって、その後方では現代人的な石器が見られるはずです。つまり、本章のモデルは、各地点での第一波の通過が現生人類到着、第二波の通過が現代人的な石器の出現に対応すると考えます。モデルは、両者のあいだにタイムラグが生じること、またアフリカから遠い東アジアでこのタイムラグが顕著であることを予測します。

本章のモデルからもう一つ興味深い予測が得られます。遺伝学の研究から、第二次出アフリカ後の現生人類の人口が長期間（一万年以上）激減し、ボトルネック状態にあったことが示されています。前々節の中央区域の低人口密度が、これに対応すると考えることができないでしょうか？

4　低人口低文化水準から高人口高文化水準への確率的遷移

平衡遷移過程

先に進行波解を得るにあたって、現生人類に有利な初期条件が仮定されていました。つまり、旧人は低人口低文化水準の状態、現生人類は高人口高文化水準の状態にあったとしたわけです。旧人も現生人類もそもそも、最初は低人口低文化水準の状態にあったと見るのが自然であろうと思われます。高人口高文化水準の状態への遷移は、どうやって起きるのでしょうか？　一つの可能性について次に述べます（Aoki 2019）。

今までの議論では、人口やスキル所持者数の確率的な変動を無視してきました。しかし、人の数は有限なので、必ず偶然による増減が起こります。人類集団が、ある地域に複数居住していたと仮定します。また、これらの集団が最初はすべて低人口低文化水準の状態にあったとします。ここで、次のような三段階からなる過程を考えます。（1）まず、そのうちの一つの集団で、人口とスキル所持者数が偶然に少し増え、高人口高文化水準の平衡点の吸引域に入るとします。図6−1の破線の矢印で示した軌跡が、この可能性を表しています。（2）すると、第1節で考察したダイナミクスにより、この集団は高人口高文化水準の平衡点に収束します。（3）さらに、高人口高文化水準の状態に達したこの集団から、地域内の他集団へ人の移住があれば、受け入れ側の集団でも高人口高文化水準状態への遷移が可能になります。このようにして、地域内の集団の多くが、一種の連鎖反応によって高文化水準状態に次々と遷移する過程（平衡遷移過程とよばれます）が想定できます。

さて、平衡遷移過程が起こりやすい場として、レフュージアをあげることができるかもしれません。レフュージアとは、グローバルな環境劣化（旧人と現生人類が進化した中期更新世以降は、氷期の繰り返しでした）の中で、生物が（かろうじて）生き残ることのできる、比較的条件の良い避難場所を指します。平衡遷移過程が働くためには、集団間の移住率（低すぎても高すぎてもだめ）が重要なパラメタになります。レフュージアに集団が密集した状況は、あるいは好条件であったかもしれません。ただし、平衡遷移過程には偶然が伴うため、移住率などの条件が整っても、必ず作動するとはかぎりません。

一方、グローバルな環境が改善したとき、レフュージアが分布拡大の起点になりえます。実際にそうであった例として、約二万年前の最終氷期最大期後（海洋酸素同位体ステージ2以降）のヨーロッパへの再入植があげられます。

積み残しの問題

ところで、なぜ現生人類のみでこのような遷移が起きたと考えられるのか？　この疑問に対して、筆者は答えを持ち合わせていません。あるいは、近親婚の証拠が示唆するように、旧人の集団は孤立しており、集団間の移住がきわめて限られていたのかもしれません。ただし、このような解釈は、両種が同等な繁殖力や移動力を有していたとする本章の基本的な仮定に反します。では、図6-4の右側区域の一部に居住する旧人が、平衡遷移過程によって高人口高文化水準の状態に遷移したら、どんな影響が出るでしょうか？　本章のモデルに確率性を加えて行ったシミュレーションによれば、現生人類の進行波がそこで停止します。高人口高文化水準の旧人が障壁となって、現生人類の分布拡大がそこで止まってしまうのです。

本章のモデルおよびその解釈について、もう一つ補足説明をしなければなりません。つまり、東アジア（中国）の現生人類と現代人的な石器が、同一ルートを通って到来したとする前提についてです。実際は別々のルート（それぞれいわゆる南ルートと北ルート）であった可能性が最新の古代DNA研究などによって示唆されています。具体的には、田園洞遺跡（北京近郊）から出土した約四万年前の現生人類化石が南ルート由来であり、現代人的な石器が北ルートで伝わったとする見解です。しかし、この主張が次の発見によって覆される可能性が否定できないのが、急速に発展し続ける近年の人類学と考古学の現状です。予断を許さない状況だと考えます。

参考文献

長沼正樹「新人拡散期の石器伝統の変化――ユーラシア東部」西秋良宏編『ホモ・サピエンスと旧人3』四九－六二頁、六一書房、二〇一五年

Wakano, J.Y., Gilpin, W., Kadowaki, S., Feldman, M.W., Aoki, K., Ecocultural range-expansion scenarios for the replacement or assimilation of Neanderthals by modern humans. *Theoretical Population Biology* 119, 3–14. 2018.

Aoki, K., Cultural bistability and connectedness in a subdivided population. *Theoretical Population Biology* 129, 103–117. 2019.

7章

アフリカからアジアへ

――文化の視点

西秋良宏

1　ヒトか文化か

現生人類の文化

本書序文で日本列島を含むアジアの現生人類もアフリカ起源であることを述べました。遺伝学的研究が示すところです。具体的にアフリカのどのあたりに起源したのかといえば、化石証拠から見て東アフリカが故地ではないかとの説が有力でしたが、二〇一九年になって、南アフリカではないかとの遺伝学的研究が発表されています。今後もさまざまに提言され、それが別の証拠で検証されていくものと思います。

一方、現生人類の文化について、その起源を語るのは簡単ではありません。かつては、現生人類にはそれ以前の人類とは違った固有な行動、つまり「現代的行動」があり、それを身につけたことでアフリカから出て各地に拡散し、先住集団たちと交替できたのではないかとの見方がありました。しかし、今では疑問視されています。現生人類拡散期の行動は各種の集団、ヒトによって多様であり、一対一の対応が見出しがたい。さらには、現生人類は分布拡大していく中で、さまざまな経緯を経て行動や文化を進化させてきたようにすら見えることが指摘されています。では、現生人類のどんな力が、そのように多様な、アフリカとは違う世界への適応を可能にしたのかはたいへん気になります。これについては、現生人類は他の人類とは違う生まれつき高い認知能力をもっていたのではないかとの意見が根強いことは本文中でも述べてきました（2章）。

ヒトか文化か

筆者は数年前まで「交替劇」という研究プロジェクトに関わっていました（文部科学省補助金新学術領域研究、代表・赤澤威）。現生人類と旧人が交替した秘密を生物学的な認知能力の差に探るプロジェクトです。特に、適応の基本ともいうべき文化を生み出す原動力、すなわち学習能力の違いを調べました。化石人類学や遺伝学だけでなく文化人類学や考古学など多数の分野が参加した大型研究でした。考古学研究を担当した筆者としては、いかにも歯切れが悪いのですが、たしかに両集団のあいだで学習行動には違いが見られる、しかし、その違いが両集団の生まれつきの能力差であったかどうかは考古学的証拠だけでは計りかねるというのが結論でした。というのは、学習のあり方や各集団の文化の特徴を決める要件はあまりにも多岐にわたっているからです。現代社会と同じく、過去においても、生まれ育った社会環境の違いによって学習、教育環境は大いに異なっていたはずです。この点を旧石器時代諸集団の場合について

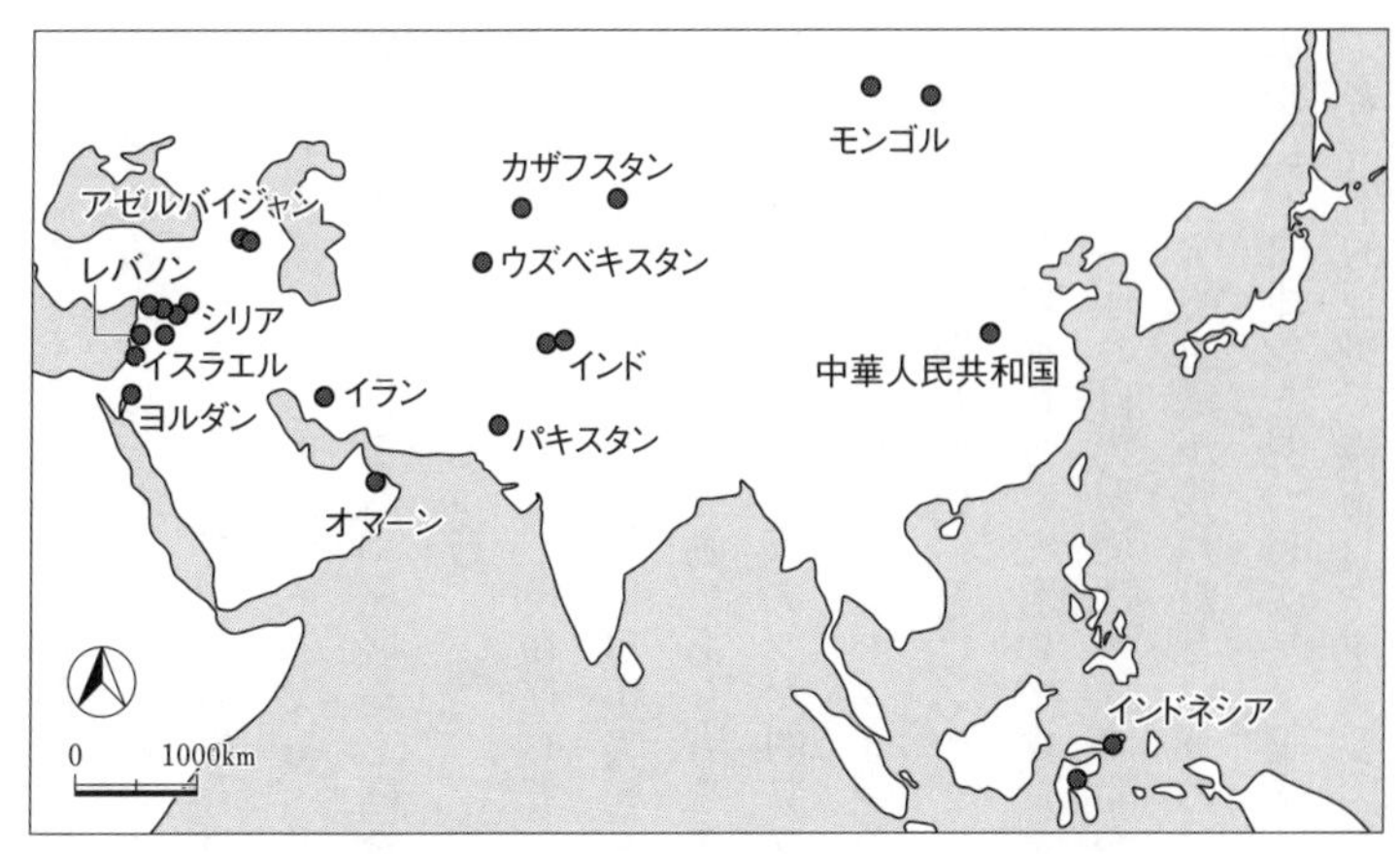

図7-1　パレオアジア・プロジェクトで実施している野外調査地点

考古学証拠をもとに検討した結果、時々の社会の総合力がその違いに関わっていたのではないかと考えるようになりました。総合力とは何かといえば、歴史あるいは文化です。旧人も現生人類も同じヒトであって、その生存は文化の力に依存するところが大きかったことは間違いありません。いくら能力があっても、その時々の社会環境が、個々の集団の生存能力にいかに影響を与えるかは日ごろ、発展途上国を含めた世界各地からの情勢ニュースに接していれば身近に感じるところでしょう。

この経験をふまえて、現在進めているのが同じく文部科学省の助成プロジェクト「パレオアジア」です（代表・西秋）。現生人類と旧人の生物学的な能力差を定めようというのではなく、旧人と交替した際の行動のあり方をアジア各地で具体的に調べ、それらを統合して大きな見取り図を描くというボトムアップ的アプローチを目的としたものです。見取り図を描くには、各地のデータを比較検討してパターンを見出す必要があります。そのため、アジア各地で多様な野外調査を展開しているところです［図7-1］。本書に掲載した写真のいくつかは、そのような野外調査時に撮影されたものです。

アジア各地の自然環境は多様ですから、現生人類が各地でさまざまな適応を行った結果、多様な考古学的記録が残ったというのはある意味、当然です。各地の多様な適応を実証化し、その中にパターンを見つけていく必要があります。

考古学的証拠で検証しやすい要因としては、拡散先の自然環境および先住集団との関係が考

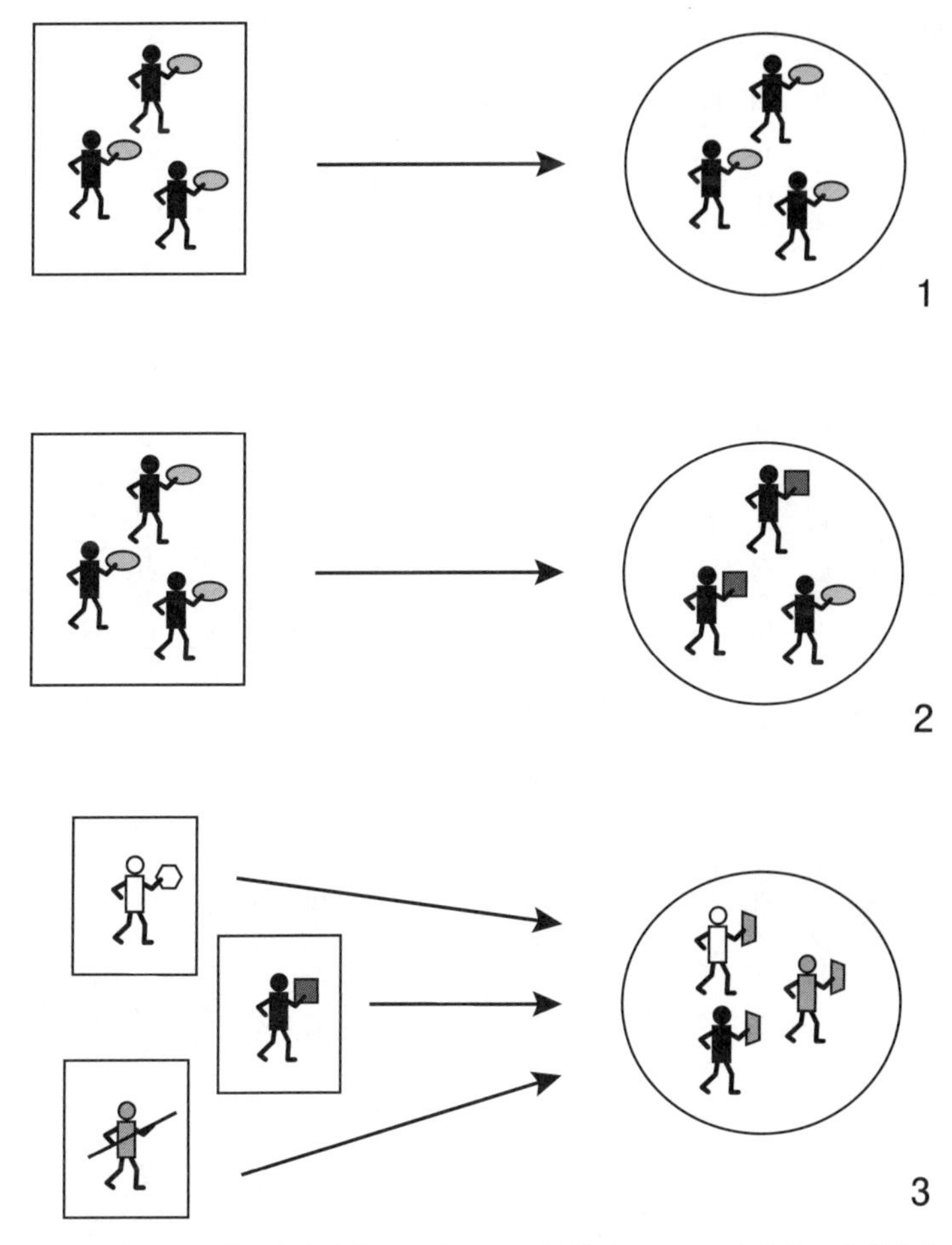

図7-2　集団の拡散と文化進化のいくつかの類型（Shea 2017をもとに筆者作成、一部改変）

えられます。図7-2は、ヒト集団が拡散する際、文化にどのような変化が起きうるかを示したものです。J・シエーが示したモデル［図7-2-1、7-2-3］を改変し増補［図7-2-2］したものです。人物像の違いは異なる集団を表現しています。手に持っている○や□などは、技術＝文化だと考えてください。1は、拡散先に故地の文化を持ち込んだ場合です。拡散先の自然環境が故地と類似していて、かつ、先住集団がいないか希薄、あるいは先住集団が新文化をそのまま受けいれた場合、さらには拡散集団によって駆逐された場合がこれに相当します。2は、拡散先で故地とは異なる技術を発展させた場合です。拡散先の自然環境の特性に応じて、新たな適応を行った場合が考えられます。そして、3は、自然環境はともかく拡散先への適応に先住集団ないし同時に進出した他の拡散集団らの技術を取り込んだ場合です。先住集団と周辺集団のどちらの貢献が大きかったかは、個別に判断する必要があるでしょう。

こうした予測にもとづくと、考古学的証拠によってヒトの拡散を議論するには少なくとも三つの点を考察する必要があると思われます。一つは、集団が拡散した先の自然環境、第二は先住集団との関係です。そして三つ目はその相互作用。それによって、一気に交替が進んだ地域、両集団の共存が長引いた地域、なかなか現生人類の進出が進まなかった地域などが決まった可能性があります。それらの検討結果を統合してヒトの拡散と文化のあり方を説明していくのがよかろうと考えています。交替の理由を認知能力の違いを前提として説明するのではなく、個々のコンテキストに応じて個別に描き出すアプローチです。

以下、これら三つの論点に関して、本書他章では十分ふれられなかった事項をいくつか述べておきます。

2 ヒトと文化の拡散を調べるための視点

進出先の環境と文化

アジアの自然環境は森林からステップ、沙漠、海岸、島嶼などきわめて多様です。初期現生人類が示した行動の痕跡、つまり考古学的証拠も多様ですから、そこにどんなパターンを見出すかは切り口次第です。その一つとして有効だと思われるのが石器製作技術の違いです。石器は生存に不可欠な利器を生み出す道具ですし、かつ保存状態を考慮することなく各地のデータを比較できる文化要素だからです。この点、1、2章でも述べたように石刃・小石刃の分布がきわめて示唆的です。それらを積極的に利用していた初期現生人類集団の分布は現生の動植物の分布とぴたりと一致しているからです〔図7-3、上〕。生物地理学でいう旧北区に分布してい

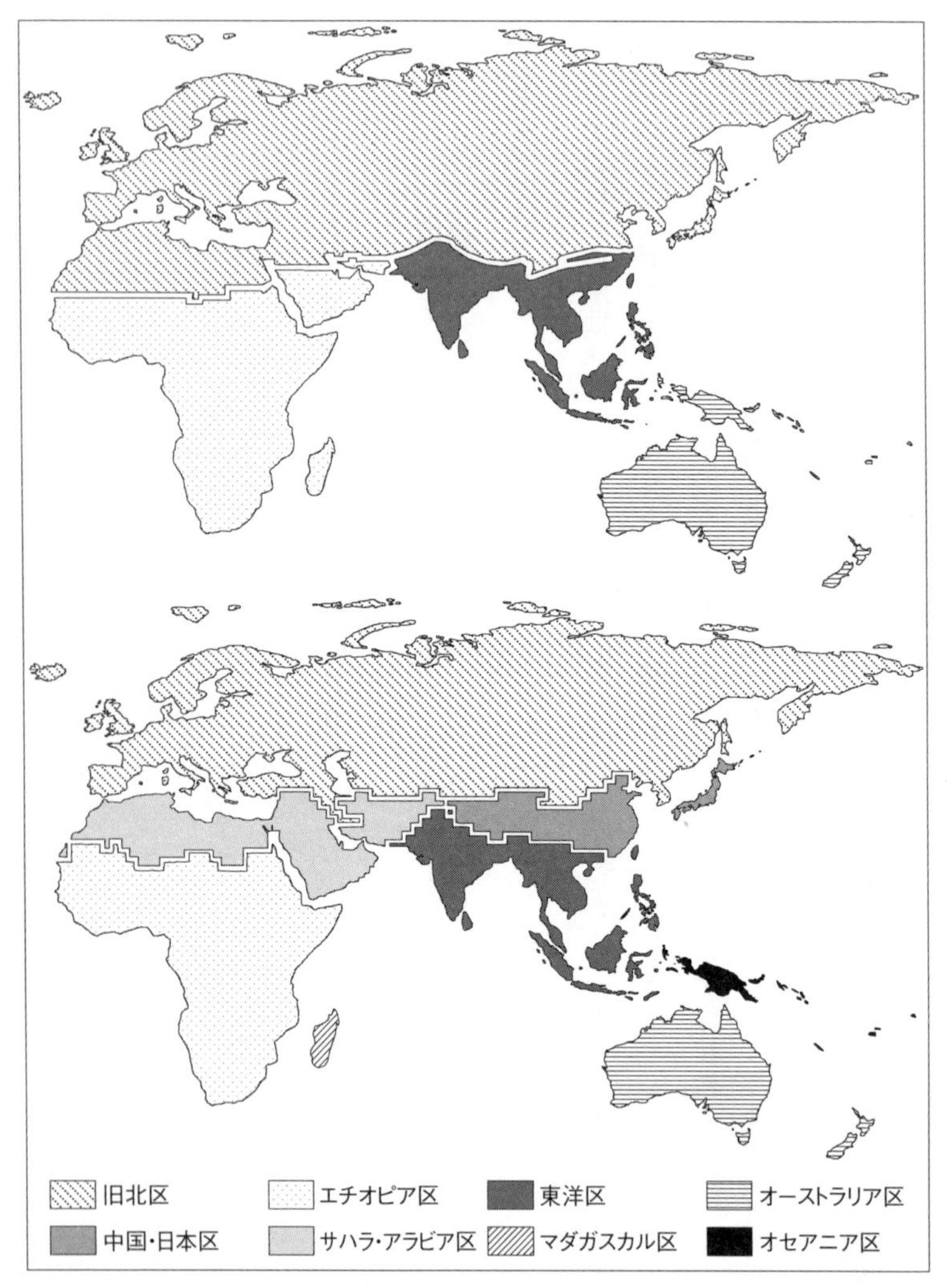

図7-3 生物地理区分
上：伝統的な見方
下：近年提唱された細分案（Holt et al., 2013をもとに筆者作成、一部改変）

る一方、東洋区やオセアニア区などではまったくというほど見当たりません。このコントラストは北や南あるいは東西というより、ステップ地帯とモンスーンアジアの違いという自然環境と対比して考えるのが妥当と思われます（3章）。

以上は伝統的な生物地理学区分ですが、近年の大規模動物分布解析によれば、さらに細分できるといいます［図7-3、下］。それによれば、西アジアはサハラ・アラビア区として北アフリカのグループにまとめられています。一方、東アジアでは旧北区と東洋区の間に「中国・日本区」なる中間地帯を設定できるとされています。

この新旧、どちらの生物地理区分がよいのか筆者には一概に判断できませんが、考古学的証拠と対比すると痛し痒しです。石刃・小石刃がレヴァント地方から北で発達したという事実には旧区分が適合しますが、一方で、東アジア北部で見られる石器技術の「揺らぎ」にとっては新区分に思うところがあります。3章で述べられているように、東アジア北部では寒冷乾燥期には旧北区が南に拡がり、温暖湿潤期には北上することがわかっています。中間地帯は、そのように、気候変動に従って南北いずれにも分類しうる地区だとみるなら、いくつかの考古学的証拠に合致します。たとえば、中国北部では水洞溝遺跡のように上部旧石器時代初頭に石刃石器群がおそらく西方から到来しましたから、文化的には旧北区だと考えられます。しかし、それは定着せず、のちの同地の文化発展に貢献しなかったことが知られています。この地域で本格的な石刃石器群が定着するのは二万数千年前の細石刃文化期です。最終氷期の最寒冷期の開始に伴い、北方から押圧剝離という独特な技術をもつ文化の南進があったためと推測されます。

日本列島でもやはり中間地帯にふさわしい事情が指摘されています。約三万八〇〇〇年前に始まる日本列島の上部旧石器時代初頭の石器群は剝片を主体とし、それに磨製石斧類が伴うものです。北か南かといえば、明らかに南の文化です。しかし、一部の地域には北を思わせる石刃石器群も持ち込まれたようです。長野県の八風山Ⅱ遺跡の出土資料は、磨製石斧を伴う石器群と同時代でありながら大陸と類似した石刃生産技術を示す石核類が出土したことで注目されています。しかし、石刃が確固とした文化として日本列島に定着するのは約三万年前以降です。また、中国大陸で見られたように、二万数千年前になると押圧剝離技術による細石刃石器群も定着するようです。中国北部と似た中間地帯らしい様相と見なすことができます。

南ルートにおいても生物地理学的な「中間地帯」があったかどうかは示されていません。しかし、考古学的にいえばインド大陸で上部旧石器時代の初めに必ずしも石刃石器群を素材にしない半月形石器が一般化するのは（2章）、そうした環境差に呼応する技術の「揺らぎ」なのかもしれません。ただし、このあたりは、いかにも研究の精度が粗く、細かいことが語れないのが残念です。

いずれにせよ、以上の説明は、進出先の生物地理的環境に初期現生人類の文化、技術が大きく影響されたというものです。しかし、同時に、そうとはいえない例があることにも注意すべきです。そのことを顕著に示すのがオーストラリア大陸の考古学的記録です。ここには東南アジアの森林地帯とは異なり、内陸には沙漠やステップが拡がります。では、北方ステップや西側世界と同じく石刃・小石刃が発達したかといえば、そうではありません。現在のアボリジニの人びとが投槍器を使って西側世界と同じような狩猟を実施していることはよく知られていますから、その点では北方ステップ地帯と類似していますが、いつごろからのことなのかについてははっきりしていません。はたして旧石器時代にさかのぼるのかどうか。南アジアや東南アジア森林地帯で西方の技術がフィルタリングされ、以降、再興された要素もあれば、再興されなかったものもあったかもしれないとの立場から吟味していく必要があるでしょう。このように、自然環境と技術との単純な対応が見られない場合には、文化伝達理論を採用した議論が有効だと考えられます。数千年ないし数万年単位の時間幅の中で、オーストラリアでこの技術が使われてきた歴史に注目することは、初期現生人類の文化史解明においてもたいへん意義のあることと考えます。

進出先のヒトと文化

現生人類は、進出先にいた先住の旧人(あるいは原人)集団とどんな交流をしたのでしょうか。きわめて興味深い問題です。旧人とは交雑していたのですから文化的な交流があっても不思議ではありません。必ずしも細かい点を確認できているとはいえませんが、実際、いくつかそのような指摘があります。一つは、防寒対策です。現生人類が進出した中緯度地帯以北はアフリカ生まれの彼らにとってはまったくの新天地でした。それ以前から適応していた旧人たちの防寒技術を採用した可能性はあろうと推測されます。たとえば衣類製作技術や住居などです。皮なめしに特化した道具とされる骨製のヘラは現生人類の遺跡よりもネアンデルタール人の遺跡で、より古いものが見つかっています。フランスのペシュドラゼやペイロニー洞窟などです。また、竪穴で暖を取るタイプの住居遺構もロシア西部のモロドヴァなどネアンデルタール人遺跡でより古い例が見つかっています。これらをもとにすると、はるかに先に寒冷地に適応していたネアンデルタール人から現生人類が防寒技術を学んだ可能性は大いにありうると思われます(3章)。

石器製作技術について現生人類と旧人との間の交流を語れるかどうか、もう少し専門的な話をします。西アジアでは、両者が最も長く共存していた証拠が得られています。以前から定着していた現生人類集団の中にネアンデルタール人が進出していったもので、特に、七万年前—五万年前ごろにはネアンデルタール人と現生人類の化石双方が複数の遺跡で見つかっています。興味深いのは、ルヴァロワ技術で作った小さい尖頭器を特徴とする、タブンB型石器群です(1章)。これまでのところ、この石器群と一緒に見つかっている人骨化石は、タブン、アムッド、ケバラ、デデリエ洞窟などの例を見ると、すべてネアンデルタール人です。ネアンデルタール人といえば、ヨーロッパからやってきたと想定されていますが、これに類似する石器技術はヨーロッパでは知られていないのです。最も近いトルコ西部やギリシャ地方を見渡してみても、これほど多くの尖頭器を二次加工せずに製作する石器群が出土した遺跡は知られていません。二次加工を施して作った尖頭器はヨーロッパから中央アジアに拡がるネアンデルタール人分布域で一般的な道具でしたが、レヴァント地方のタブンB型石器群のように無加工のルヴァロワ尖頭器を多用する例はほとんど知られていません。断定はできませんが、筆者は、この石器伝統が発展したのは、現生人類との交流の結果ではなかったろうかと推測しています。二次加工しないでルヴァロワ石器を利用する伝統は、北アフリカの初期現生人類の間で一般的だったからです。

ところで、そもそも、現生人類、ネアンデルタール人、あるいはデニソワ人といった別種のヒト集団のあいだで互いの文化を受けいれることがあるのでしょうか。チンパンジーでさえ、飼育下では現代人の指導に従って石器を製作することが知られているのですから、はるかに近い関係にあった旧人との間には文化的な交流、伝達が十分あったと思います。そこで両集団の文化伝達について理論的に検討した例があるので紹介します。高知工科大学の小林豊らの研究です。文化が拡がり定着するには、それが若い世代に継承される必要があります。親から子に伝えられる場合を垂直伝達、親世代の他人から伝えられる場合を斜行伝達、子と同世代の間で伝えられるのを水平伝達といいます。図7-4は、現生人類の子供が進出先で誰から文化（技術）を学んでいく可能性があるかを示したものです。三つの選択肢があります。遺伝的な親、それ以外の現生人類の大人、先住集団であった旧人の大人の三つです。結局、親以外の年長者から

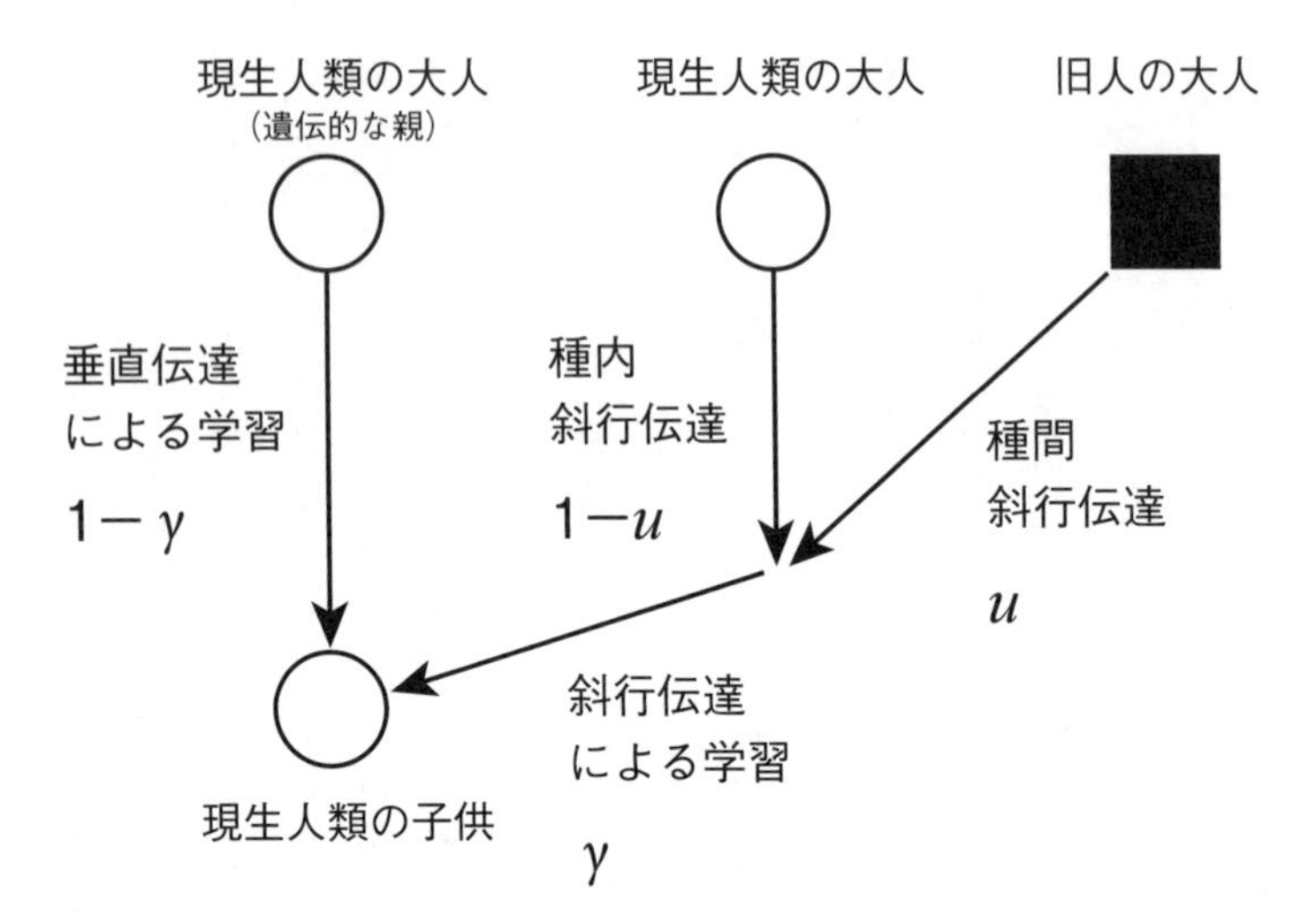

図7-4　種間文化伝達モデル（小林2015をもとに筆者作成、一部改変）

どの程度学ぶか（γ）が問題で、旧人から学ぶ確率（u）がゼロではない限り、旧人の技術が現生人類に伝えられることはありえるということです。逆もそうです。

詳しい計算は省略しますが、このようなパラメータを使ってシミュレーションを行ってみると、現生人類集団の侵入、交替がゆっくり起こった場合は、旧人の文化が継続するように見えるそうです。また、旧人と現生人類は交雑したことがわかっていますが、その場合は、斜行伝達を考慮しなくても垂直伝達のみで旧人の文化が現生人類の浸透することもあると結論づけられています。これらのことは、次項で述べる、ヒトと文化の交替劇の多様性、つまり文化の連続性や交替の解釈に重要な示唆を与えるものと考えています。

交替劇の多様性

アジア各地への現生人類の展開と文化的変容について考えるうえで、まず、証拠が揃っているヨーロッパの例を見てみましょう。そこでは、現生人類は段階的な拡散を果たした可能性が高いことがわかっています。二〇万年前ごろのギリシャまで進んだ第一次出アフリカ集団はそれ以上、進んだかどうか不明です。奥深くまで進んだことが確実なのは五万年前以降の上部旧石器時代初頭集団です。チェコのブルノ・ボフニス遺跡などではレヴァント地方ときわめて類似した石器群が持ち込まれたことがわかっています。ただし、当時は中部旧石器時代に典型的なムステリアン石器群を出土する遺跡もほかに多数ありましたから、ネアンデルタール集団が共存していたことは確実です。最終的にネアンデルタール集団が絶滅したのは四万年前ごろだと見積もられています。その背景として考えられるのは、五万年前から四万年前にかけて極端な寒冷期が複数回訪れたことによってネアンデルタール人の人口が急減したこと、そして四万年前ごろ、プロト・オーリナシアン式の小石刃石器群をもった現生人類が侵入したことが想定されています。

つまり、大きく二度の拡散があって交替が完結するわけです。振り返ってみれば、西アジアにおいても早期に現生人類が進出し、その後、ネアンデルタール人との共存を経てからヒトの交替が起きました。こうした二段階にわたる交替劇には何か、共通したメカニズムがあるのでしょうか。それを理論的に予想したのが6章で説明された二重波モデルです。生物学で用いられる分布拡大の理論を応用したもので、筆者の理解するところでは、これが起きるには二つの要因があります。一つは、在地集団と侵入集団が共存できるような環境があるかどうか。西アジアの場合は沙漠と森林という異なるニッチがあり、それぞれ現生人類、ネアンデルタール人が主として開発していたことがわかっています（1章）。ヨーロッパではネアンデルタール人の継続的な人口減少（5章）によって、侵入集団（現生人類）が利用可能な空間が増えていた可能性があろうと思います。もう一つの要因は、第二波の現生人類集団が旧人を圧倒する高い技術をもっていたことです。西アジアの場合は上部旧石器時代初頭の技術、ヨーロッパの場合は上部旧石器時代前期プロト・オーリナシアンの小石刃技術が想定されています。

広いアジアの他地域も同じようなモデルで説明できるかどうかは、興味深い課題です。生物地理学的な区分に立ち返って気づくのは、北回りでは現生人類の侵入と旧人との交替がすみやかに果たされたように見えること、そして、東南アジアから中国南部にかけての南回りでは両者の共存期間が長かったかもしれないように見えることです。前者については、上部旧石器時代初頭期に急速な現生人類の拡散があったことが示唆されます。逆に、南回りについてはより複雑な状況が指摘されています（3章）。中国南部では四万年より前に現生人類が到来しているという指摘が後を絶たない一方、石器技術は基本的に中部旧石器時代の剝片石器群が連続するというパラドックスがみられます（6章）。このような対照が生じる原因の一つは、右の理論でいえば共存に適したニッチがあるかどうかなのかもしれません。ステップ地帯よりも森林地帯のほうが集団が分断されるわけですから、共存の可能性は高いと予想されます。島嶼部ならなおさらなのかもしれません。先にふれた両集団の文化交流についてのモデルとあわせて考えれば、この現象を解釈する有効なモデルになるのではないでしょうか。

3　私たちが拡散できた背景

能力か歴史か

理論モデルは多くの複雑な現実を単純化した予測ですから、考古学データの実際に合わせて検証していく必要があります。二重波モデルについていいますと、集団の適応力は、高い技術をもっている者の数がどれくらい含まれているかにかかっていると仮定しています。アフリカからやってきた現生人類は高い技術をもっていたと考えるわけですが、なぜ、高い技術をもっていたのかが問題となります。認知能力が違うのだといってしまえば簡単ですが、証明するのが難しいことは繰り返し述べてきたところです。

また、6章で述べられているように、人口も重要な要因でしょう。集団の大きさは高い技術をもっている者も多いと考えられます。他にもさまざまな視点から検討していく必要がありです。集団がおかれた歴史的な環境もその一つです。この点、仮に認知能力が同じだったとしても、アフリカからは常に高い技術をもったヒト集団が出てきたはずだという考え方もありますので紹介しておきます。M・チェイザンは、M・トマセロがいう文化の累積的進化という考え方を用いて説明しています。ヒトの文化や行動は時間とともに新たなものが創造されたり、改良されたりすることがあるが、それらは集団内で受け継がれるため蓄積し複雑さを増していくという考え方です。ヒトは他人から学ぶ社会学習を発達させていますから、そのことが「文化

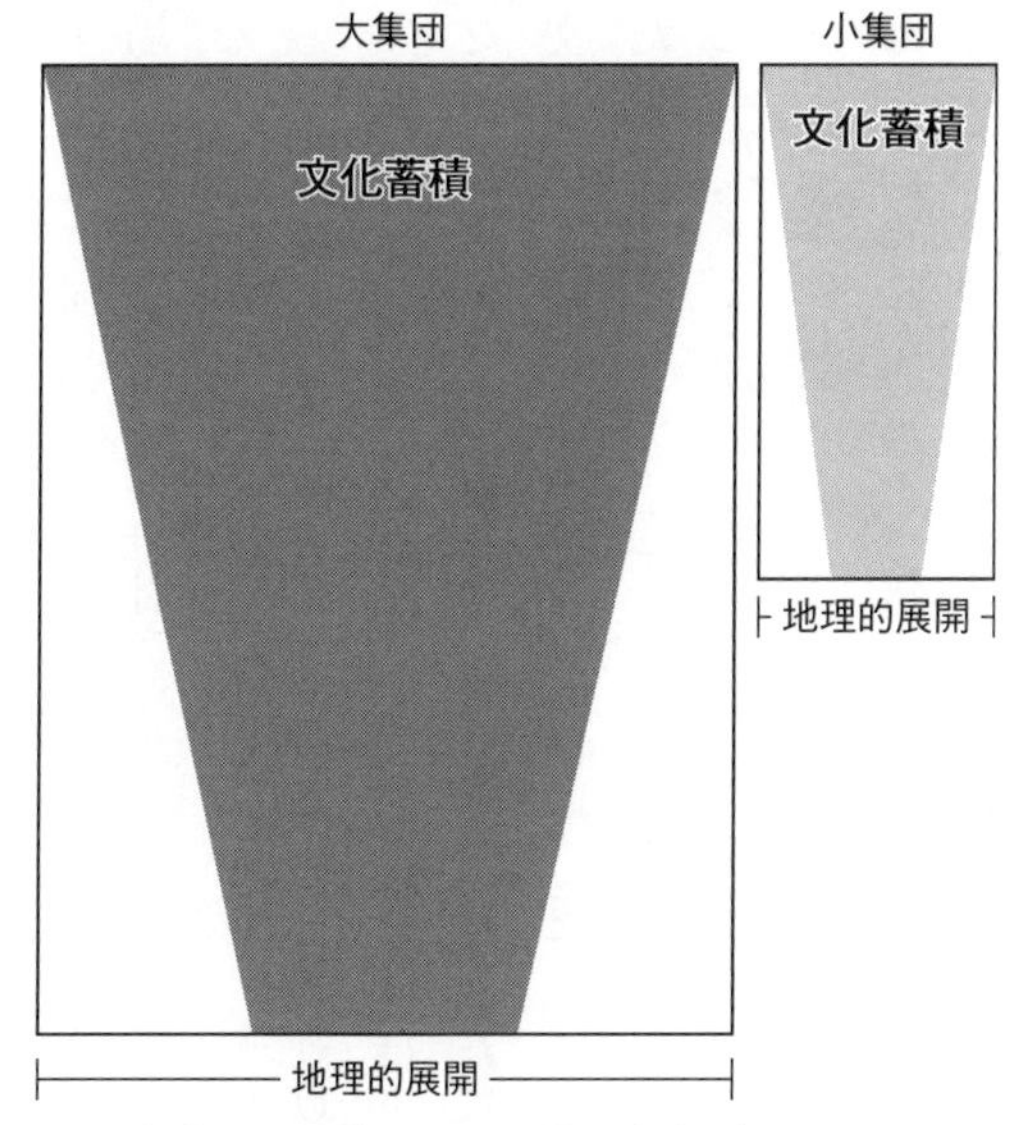

図7-5　集団の拡散と文化累積の多寡（Chazan 2019をもとに筆者作成、一部改変）

的ラチェット（歯止め）」となって、集団内に文化要素が留まっていくのだといいます。この場合、歴史ある大集団は社会学習によって蓄積された他の集団よりも多く保有していることになります。

旧人も現生人類も約六〇万年前あるいはそれ以前の原人、ホモ・ハイデルベゲンシスから枝分かれしたとされています。旧人の祖先集団はアフリカを出てユーラシアに拡散していきました。当然、そのころは共通の能力を有していたはずです。人口が圧倒的に大きく長期にわたる文化蓄積を経験したアフリカ集団と、そこから出て新たな文化蓄積を果たさねばならなくなった小集団（ネアンデルタール人やデニソワ人）とでは技術のレパートリーの原資、さらには蓄積に差があって当然ではないかという予測ができるのではないかというのです［図7-5］。

野外調査に基づく考古学の議論にこうした理論モデルが活用されることは必ずしも一般的ではありませんが、本書で扱っているような地球規模での考古学的記録、つまり文化の多様性を議論するにはきわめて有効な研究手法であると考えています。議論がなお続くに違いない現生人類の交替劇を文化の視点から理解するには、こうした文化進化の理論研究をさらに深めていく必要があると思います。

参考文献

赤澤威・西秋良宏「旧人新人交替劇の真相を探る」『現代思想』四四巻、八三―一〇五頁、二〇一六年

小林豊「中期旧石器時代から後期旧石器時代への文化の移行パターンを左右する人口学的要因について」西秋良宏編『ホモ・サピエンスと旧人3――ヒトと文化の交替劇』一六五―一七五頁、六一書房、二〇一五年

M・トマセロ『ヒトはなぜ協力するのか』橋彌和秀訳、勁草書房、二〇一三年

Chan, E. et al., Human origins in a southern African palaeo-wetland and first migrations. *Nature* 575: 185–189. 2019.

Chazan, M., Ratchets and replacement: The potential role of cultural accumulation in the replacement of Neanderthals by modern humans. In: *Learning among Neanderthals and Paleolithic Modern Humans*, edited by Y. Nishiaki and O. Jöris, pp.207–212. Singapore: Springer Nature. 2019.

Holt, B. G. et al., An update of Wallace's zoogeographic regions of the world. *Science* 339: 74–78, 2013.

Nishiaki, Y. and Jöris, O., *Learning among Neanderthals and Paleolithic Modern Humans*. Singapore:

Springer Nature. 2019.

Soressi, M. et al., Neandertals made the first specialized bone tools in Europe. *Proceedings of the National Academy of Sciences* 110: 14186–14190. 2013.

おわりに

私たち、現生人類の出アフリカ、アジアへの定着について話をするとき、常に尋ねられるのは、なぜ旧人たちと交替できたのかというストレートな質問です。現生人類がより適応的だったからだ、というのは間違いない回答だと思いますが、なぜ適応的だったのかを問われれば、さらに上位の回答を用意せねばなりません。旧人たちよりも認知能力が優れていたからだという説明は多くの質問者に合点がいく回答かもしれません。しかし、では、なぜそういえるのかと問われた際、現生人類の遺跡で見つかる考古学的証拠がはるかに複雑で高度だからだ、あるいは現生人類の遺跡で見つかる文化要素はそれ以前より変遷の速度が速いからだ、などという回答しかできないとしたらたいへん弱い。優秀だからそうした行動を起こしたのか、そうした行動を起こしたから優秀だといえるのか、話が堂々巡りになるからです。

専門研究者の中にも、現生人類と旧人たちとの生得的な能力差について大きいという立場と無視してよいという立場、双方、多数おられます。結局、生得的な能力差の研究は生物学の分野で独立した手法で定めるべきなのでしょう。認知能力の違いを論じるなら考古学的な議論とは別の生物学的な証拠の積み重ねが必要です。筆者のような考古学研究者は、生物学的手法では十分に扱えない分野、つまり行動の中身や文化を具体的に調べることでこの問題に貢献していくのがよいのだろうと思っています。生得的な能力差を想定しないで、両者の交替劇が説明できるのかどうかが焦点となります。本書で示したいくつかの理論モデルでも、能力の違いは仮定していません。これで交替劇を説明できないなら、認知能力の違いを想定せざるをえないという立場です。

現在のところ、まだ研究途上であって、なんとも言い難いのですが、この研究を考古学的に進めるうえで不可欠なのが、現生人類が拡散する過程で残した行動の証拠、つまり文化の証拠だと考えています。それをひもといてアフリカからアジアへのヒトの拡散を考えてみることを本書のテーマとしました。文化の証拠は、それと担い手であるヒトとの対応が一対一でないという点で、担い手そのものを議論する化石人類学や遺伝学の証拠とは異なっています。文化には他人のそら似が容易に起こりますし、異種の集団間での交流もありえます。さらには創意工夫によって短期間に文化の相貌を変えることもありえます。したがって、現生人類の拡散を文化の証拠で追うには、同じ文化の分布を追うだけでは無理です。ヒトが拡散したことがわかっているのに、なぜ彼らが残した行動の証拠でその過程が読み解けないのか。これを丁寧に調べていくには、文化がヒトの拡散に伴ってどのように進化するのかについて深い理解を必要とします。単に、同じような石器が見つかったから、そこにある集団がやってきたなどとはいえないということです。どのようにその文化が生まれたのかを常に調べていかねばなりません。類書と違って文化進化にかかわる理論的考察を含めているのはそのためです。

本書を閉じるにあたって、お世話になった方々に深く御礼申し上げます。まずは、交替劇プロジェクト、あるいは、それ以前から筆者らを導いてくださっている赤澤威先生（高地工科大学名誉教授）。また、パレオアジア・プロジェクトにて密な理論に参加してくださった研究者各位に厚く御礼申し上げる次第です。執筆者の門脇誠二（名古屋大学）、青木健一（明治大学）、髙畑尚之（総合研究大学院大学）各氏は、その主要なメンバーです。加藤真二・国武貞克（奈良国立文化財研究所）、池谷和信（国立民族学博物館）、山岡拓也（静岡大学）各氏には写真の提供をお願いしました。また、ロビン・デネル、海部陽介両氏の原稿は本プロジェクトで実施した一般講演会の記録に基づいたもので、本書採録にあたって大幅に加筆いただきました。さらには、鈴木美保、三國博子（東京大学総合研究博物館）、仲田大人（青山学院大学）の各氏にはいくつかの図版の作成をお願いしました。感謝申し上げます。

二〇二〇年一月

西秋良宏

髙畑尚之（たかはた・なおゆき）5章

1946年愛知県生まれ。総合研究大学院大学名誉教授。米国芸術科学アカデミー外国人会員。専門は集団遺伝学。九州大学大学理学研究科博士課程（理学博士）。一般向けのおもな著書にKlein, J. and Takahata, N., *Where do we come from?*（Springer, 2002）、「生命体の科学——個別性と多様性の観点から」（『日本物理学会誌』52-7、1997）、「支え合う生物多様性を遺伝的にきわめる」（『アエラムック』54、1999年）、「遺伝子の退化がヒトを生み出した」『日経サイエンス』2004年1月号などがある。

青木健一（あおき・けんいち）6章

1948年東京都生まれ。東京大学名誉教授・明治大学研究推進員。専門は文化進化理論。ウィスコンシン大学大学院博士課程修了（Ph. D.）。最近の論文に、Aoki, K., On the absence of a correlation between population size and 'toolkit size' in ethnographic hunter-gatherers. *Philosophical Transactions of the Royal Society* B 373, 20170061（2018）; Aoki, K. and Feldman, M.W., Evolution of learning strategies in temporally and spatially variable environments: a review of theory. *Theoretical Population Biology* 91, 3–19（2014）; Gilpin, W., Feldman, M.W., and Aoki, K., An ecocultural model predicts Neanderthal extinction through competition with modern humans. *Proceedings of the National Academy of Sciences* USA 113, 2134–2139（2016）がある。

［筆者一覧］

西秋良宏（にしあき・よしひろ）2・7章

（別掲）

門脇誠二（かどわき・せいじ）1章

1975年北海道生まれ。名古屋大学博物館講師。専門は先史考古学。Ph. D.（トロント大学）。おもな論文に「レヴァントへの新人拡散と文化動態」『考古学ジャーナル』708（2018）、共著論文に、Kadowaki, S., Omori, T., and Nishiaki, Y., Variability in Early Ahmarian lithic technology and its implications for the model of a Levantine origin of the Protoaurignacian. *Journal of Human Evolution* 82（2015）; Kadowaki, S., Tamura, T., Sano, K., Kurozumi, T., Maher, L.A., Wakano, J.Y., Omori, T., Kida, R., Hirose, M., Massadeh, S., and Henry, D.O., Lithic technology, chronology, and marine shells from Wadi Aghar, southern Jordan, and Initial Upper Paleolithic behaviors in the southern inland Levant. *Journal of Human Evolution* 135: 102646（2019）などがある。

R・デネル（Robin Dennel）3章

1947年イギリス生まれ。シェフィールド大学名誉教授、エクセター大学名誉教授。専門は先史考古学。Ph. D.（ケンブリッジ大学）。主な著書に*European Economic Prehistory.* London: Academic Press（1983、邦訳・先史学談話会訳『経済考古学』同成社、1995）; *Early Farming in South Bulgaria from the VI to the III Millenia B.C.* Oxford: Archaeopress（1978）; *Pleistocene and Palaeolithic Investigations in the Soan Valley, Northern Pakistan.* Oxford: Archaeopress（1989）; *Early Hominin Landscapes in Northern Pakistan.* Oxford: Archaeopress（2004）; *The Palaeolithic Settlement of Asia.* Cambridge: Cambridge University Press（2008）がある。

海部陽介（かいふ・ようすけ）4章

1969年東京都生まれ。人類進化学者。理学博士（東京大学）。国立科学博物館人類研究部人類史研究グループ長。「3万年前の航海 徹底再現プロジェクト」代表。化石などから約200万年に及ぶアジアの人類進化・拡散史を研究している。クラウドファンディングを成功させ「3万年前の航海 徹底再現プロジェクト」（2016－2019）を実行。おもな著書に『日本人はどこから来たのか』（文藝春秋、2016、古代歴史文化賞）、『人類がたどってきた道』（NHKブックス、2005）、監修書に『我々はなぜ我々だけなのか』（講談社、2017、科学ジャーナリスト賞・講談社科学出版賞）など。日本学術振興会賞（2012）、モンベルチャレンジアワード（2016）、山縣勝見賞受賞（2019）を受賞。

西秋良宏（にしあき・よしひろ）
1961年滋賀県生まれ。東京大学総合研究博物館教授。専門は先史考古学。1991年東京大学大学院人文社会系研究科博士課程単位取得。1992年ロンドン大学大学院博士課程修了。Ph. D.（ロンドン大学）。文部科学省科学研究費補助金新学術領域研究「パレオアジア文化史学」領域代表。おもな編著書に『ホモ・サピエンスと旧人』全3巻（六一書房、2013〜15）、編訳書に『古代の科学と技術——世界を創った70の大発明』（ブライアン・M・フェイガン編著、朝倉書店、2012）ほか。
http://www.um.u-tokyo.ac.jp/people/faculty_nishiaki.html

朝日選書 994

アフリカからアジアへ
現生人類（ホモ・サピエンス）はどう拡散したか

2020年2月25日　第1刷発行

編者　西秋良宏

発行者　三宮博信

発行所　朝日新聞出版
〒104-8011　東京都中央区築地5-3-2
電話　03-5541-8832（編集）
　　　03-5540-7793（販売）

印刷所　大日本印刷株式会社

© 2020 Yoshihiro Nishiaki
Published in Japan by Asahi Shimbun Publications Inc.
ISBN978-4-02-263094-0
定価はカバーに表示してあります。

落丁・乱丁の場合は弊社業務部（電話 03-5540-7800）へご連絡ください。
送料弊社負担にてお取り替えいたします。

嫌韓問題の解き方
ステレオタイプを排して韓国を考える
小倉紀蔵　大西裕　樋口直人
ヘイトスピーチや「嫌韓」論調はなぜ起きたのか

発達障害とはなにか
誤解をとく
古荘純一
小児精神科の専門医が、正しい理解を訴える

飛鳥むかしむかし
飛鳥誕生編
奈良文化財研究所編／早川和子絵
なぜここに「日本国」は誕生したのか

飛鳥むかしむかし
国づくり編
奈良文化財研究所編／早川和子絵
「日本国」はどのように形づくられたのか

asahi sensho

政策会議と討論なき国会
官邸主導体制の成立と後退する熟議
野中尚人　青木遥
権力集中のシステムが浮かび上がる

幕末明治 新聞ことはじめ
ジャーナリズムをつくった人びと
奥武則
維新の激動のなか、9人の新聞人の挑戦と挫折を描く

古代日本の情報戦略
近江俊秀
駅路の上を驚異のスピードで情報が行き交っていた

落語に花咲く仏教
宗教と芸能は共振する
釈徹宗
仏教と落語の深いつながりを古代から現代まで読み解く

ルポ 希望の人びと
ここまできた認知症の当事者発信
生井久美子
認知症の常識を変える。当事者団体誕生に至る10年

中東とISの地政学
イスラーム、アメリカ、ロシアから読む21世紀
山内昌之編著
終わらぬテロ、米欧露の動向……世界地殻変動に迫る

枕草子のたくらみ
「春はあけぼの」に秘められた思い
山本淳子
なぜ藤原道長を恐れさせ、紫式部を苛立たせたのか

ネガティブ・ケイパビリティ 答えの出ない事態に耐える力
帚木蓬生（ははきぎほうせい）
教育・医療・介護の現場でも注目の「負の力」を分析

asahi sensho

日本人は大災害をどう乗り越えたのか
遺跡に刻まれた復興の歴史
文化庁編
たび重なる大災害からどう立ち上がってきたのか

江戸時代 恋愛事情
若衆の恋、町娘の恋
板坂則子
江戸期小説、浮世絵、春画・春本から読み解く江戸の恋

歯痛の文化史
古代エジプトからハリウッドまで
ジェイムズ・ウィンブラント／忠平美幸訳
恐怖と嫌悪で語られる、笑える歯痛の世界史

くらしの昭和史
昭和のくらし博物館から
小泉和子
衣食住さまざまな角度から見た激動の昭和史

髙田長老の法隆寺いま昔
髙田良信／構成・小滝ちひろ

「人間、一生勉強や」。当代一の学僧の全生涯

身体知性
医師が見つけた身体と感情の深いつながり

佐藤友亮

武道家で医師の著者による、面白い「からだ」の話

これが人間か
改訂完全版　アウシュヴィッツは終わらない

プリーモ・レーヴィ／竹山博英訳

強制収容所の生還者が極限状態を描いた名著の改訂版

佐藤栄作
最長不倒政権への道

服部龍二

新公開の資料などをもとに全生涯と自民党政治を描く

asahi sensho

米国アウトサイダー大統領
世界を揺さぶる「異端」の政治家たち

山本章子

アイゼンハワーやトランプなど6人からアメリカを読む

96歳　元海軍兵の「遺言」
瀧本邦慶／聞き手・下地毅

一兵士が地獄を生き残るには、三度も奇跡が必要だった

文豪の朗読
朝日新聞社編

文豪のべ50名の自作朗読を現代の作家が手ほどきする

こどもを育む環境　蝕む環境
仙田満

環境建築家が半世紀考え抜いた最高の「成育環境」とは

海賊の文化史
海野弘
博覧強記の著者による、中世から現代までの海賊全史

アメリカの原爆神話と情報操作
「広島」を歪めたNYタイムズ記者とハーヴァード学長
井上泰浩
政府・軍・大学・新聞は、どう事実をねじ曲げたのか

昭和陸軍の研究 上・下
保阪正康
関係者の証言と膨大な資料から実像を描いた渾身の力作

阿修羅像のひみつ
興福寺中金堂落慶記念
興福寺監修／多川俊映 今津節生 楠井隆志
山崎隆之 矢野健一郎 杉山淳司 小滝ちひろ
X線CTスキャンの画像解析でわかった、驚きの真実

asahi sensho

平成史への証言
政治はなぜ劣化したか
田中秀征／聞き手・吉田貴文
政権の中枢にいた著者が、改革と政局の表裏を明かす

新宿「性なる街」の歴史地理
三橋順子
遊廓、赤線、青線の忘れられた物語を掘り起こす

天皇陵古墳を歩く
今尾文昭
学会による立ち入り観察で何がわかってきたのか

花と緑が語るハプスブルク家の意外な歴史
関田淳子
植物を通して見る名門王家の歴史絵巻。カラー図版多数

ともに悲嘆を生きる グリーフケアの歴史と文化
島薗進
災害・事故・別離での「ひとり」に耐える力の源とは

境界の日本史
地域性の違いはどう生まれたか
森先一貴 近江俊秀
文化の多様性の起源を追究し日本史をみつめなおす

人事の三国志
変革期の人脈・人材登用・立身出世
渡邉義浩
なぜ、魏が勝ち、蜀は敗れ、呉は自滅したのか？

失われた近代を求めて 上・下
橋本治
作品群と向き合いながら、捉え直しを試みる近代文学論

asahi sensho

増補改訂 オリンピック全大会
人と時代と夢の物語
武田薫
スタジアムの内外で繰り広げられた無数のドラマ

〔天狗倶楽部〕快傑伝
元気と正義の男たち
横田順彌
こんな痛快な男たちが日本にスポーツを広めた

永田町政治の興亡 権力闘争の舞台裏
星浩
政治家や官僚にパイプを持つジャーナリストが活写する

地質学者ナウマン伝
フォッサマグナに挑んだお雇い外国人
矢島道子
功績は忘れ去られ、「悪役」とされた学者の足跡を追う